基准剂量法原理及应用

国家食品安全风险评估中心　组　编

贾旭东　杨　辉　方　瑾　主　编

中国农业大学出版社

·北京·

内 容 简 介

基准剂量法作为一种推导健康指导值的新方法，近年来被国内外权威风险评估机构广泛采用。本书系统阐述了基准剂量法的发展历史、与 NOAEL 法的比较、基准剂量法的概念与原理、分析步骤和分析软件，以及 BMDS 的基本操作和在风险评估中的应用。本书适合从事食品毒理、风险评估等相关领域的工作人员参考使用。

图书在版编目（CIP）数据

基准剂量法原理及应用/国家食品安全风险评估中心组编；贾旭东，杨辉，方瑾主编 . —北京：中国农业大学出版社，2021.7

ISBN 978-7-5655-2556-8

Ⅰ.①基… Ⅱ.①国… ②贾… ③杨… ④方… Ⅲ.①食品安全-风险评价-研究 Ⅳ.①TS201.6

中国版本图书馆 CIP 数据核字（2021）第 110709 号

书　　名	基准剂量法原理及应用		
作　　者	国家食品安全风险评估中心　组编		
	贾旭东　杨　辉　方　瑾　主编		
策划编辑	王笃利　魏　巍　赵　艳	责任编辑	赵　艳
封面设计	郑　川		
出版发行	中国农业大学出版社		
社　　址	北京市海淀区圆明园西路 2 号	邮政编码	100193
电　　话	发行部 010-62733489，1190	读者服务部	010-62732336
	编辑部 010-62732617，2618	出　版　部	010-62733440
网　　址	http://www.caupress.cn	E-mail	cbsszs@cau.edu.cn
经　　销	新华书店		
印　　刷	北京虎彩文化传播有限公司		
版　　次	2021 年 7 月第 1 版　　2021 年 7 月第 1 次印刷		
规　　格	787×1092　　16 开本　　7 印张　　95 千字		
定　　价	32.00 元		

图书如有质量问题本社发行部负责调换

编 写 人 员

主　编　贾旭东　杨　辉　方　瑾

副主编　于　洲　邵　侃

编　者（按姓氏拼音排序）

　　　　方　瑾　国家食品安全风险评估中心

　　　　耿　雪　国家食品安全风险评估中心

　　　　贾旭东　国家食品安全风险评估中心

　　　　梁春来　国家食品安全风险评估中心

　　　　邵　侃　美国印第安纳大学（布卢明顿）

　　　　杨　辉　国家食品安全风险评估中心

　　　　于　洲　国家食品安全风险评估中心

　　　　张倩男　国家食品安全风险评估中心

前　　言

近年来，基准剂量（benchmark dose，BMD）法在风险评估领域越来越受到关注，其应用范围也越来越广泛。基准剂量法不仅拓展了动物试验或观察流行病学研究获得的剂量-反应数据的适用范围，而且能更好地描述潜在风险的特征并将其量化，因此，在推导风险评估参考点或起始点（point of departure，POD）时，BMD法比传统的 NOAEL 法更科学、更先进。BMD 法为风险评估方法、动物的使用优化和验证替代方法的发展均开辟了新的途径。基于BMD 法的诸多优势，世界卫生组织（WHO）、美国环境保护局（EPA）、欧洲食品安全局（EFSA）等组织均推荐使用 BMD 法，并且制定出一系列的应用指导文件来进行推广。

目前，我国在对食品、化学品的风险评估领域中也越来越认同BMD法。本书将从基准剂量法的发展历史、基本概念、关键要素以及相关软件的使用等方面系统地向读者介绍该方法，并提供了几个实用案例，希望能为相关行业的工作者提供一些理论指导和技术帮助。

本书的编写出版得到了国家重点研发计划课题"食品污染物危害评估整合技术与应用研究"（2018YFC1603102）的支持，在此表示感谢，该课题的研发目标也体现了书中所介绍的 BMD 法的应用发展方向。

编　者

2021 年 4 月

缩 略 词 表

AIC　　　Akaike information criterion 赤池信息量准则

BMD　　　benchmark dose 基准剂量

BMDL　　benchmark dose lower bound 基准剂量下限

BMDS　　Benchmark Dose Software 基准剂量软件

BMDU　　benchmark dose upper bound 基准剂量上限

BMR　　　benchmark response 基准反应

EPA　　　United States Environmental Protection Agency 美国环境保护局

IPCS　　　International Programme on Chemical Safety 国际化学品安全
规划

JECFA　　Joint FAO/WHO Expert Committee on Food Additives 联合国粮
农组织/世界卫生组织食品添加剂联合专家委员会

LOAEL　　lowest observed adverse effect level 最低可见不良作用水平

NOAEL　　no observed adverse effect level 无可见不良作用水平

NTP　　　National Toxicology Program 美国国家毒理计划

POD　　　point of departure 起始点

RfC　　　reference concentration 参考浓度

RfD　　　reference dose 参考剂量

RIVM　　National Institute for Public Health and the Environment 荷兰国家公共卫生与环境研究院

SD　　　standard deviation 标准差

SE　　　standard error 标准误差

UFs　　uncertainty factors 不确定系数

WHO　　World Health Organization 世界卫生组织

目　　录

第1章　基准剂量法的发展历史

风险评估是应用科学原理和技术对危害事件发生的可能性和不确定性进行科学评估的过程,由危害识别、危害特征描述、暴露评估以及风险特征描述4个步骤组成。其中危害识别和危害特征描述是进行风险评估的前提和基础,主要通过毒理学试验和人体试验来实现;其目的是确定一种物质产生的不良反应,并确定检测到的不良反应的剂量-反应关系。危害识别的目的是识别可能与人类健康相关的潜在关键终点。危害特征描述的重点就是确定剂量-反应关系,也就是进行剂量-反应评估;剂量-反应评估的最终结果用于形成评估意见,并推导出健康指导值(health based guidance value,HBGV)。

1.1　剂量-反应评估

虽然在某些情况下可以获得人群的剂量-反应数据,但大多数风险评估多依赖于动物研究数据。针对动物试验数据,剂量-反应评估一般有2种基本方法。

(1)传统的 NOAEL 法:通过不同试验组间的配对比较,以确定引起具有显著统计学差异效应的试验剂量,以及不引起可观察到有害作用的最高试验剂量,即无可见不良作用水平(no observed adverse effect level,NOAEL,又称未观察到有害作用水平),然后在综合考虑种间和人群变异性的基础上,以 NOAEL 为起始点(point of departure,POD),估计健康指导值。

　　(2)模型拟合法:将所有试验组的剂量-反应数据进行数学模型的拟合,找到对数据达到最优拟合的数学模型,以确定观察范围内的剂量-反应关系;并利用该模型计算出特定反应下的暴露水平,然后将该暴露水平作为POD来估计健康指导值、计算暴露限值,或通过外推来估计人群暴露于该水平下的风险。这种人群暴露水平与问题界定和风险特征描述有关。

　　模型拟合法又分为2种:一种是传统方法,即选择的模型参数可以使目标函数值最大或最小;另一种是贝叶斯法(Bayesian method),该方法是将数据信息与之前的模型参数相关信息结合起来,从而产生反映这些参数不确定性的后期分布。目前,基准剂量法软件(BMDS和RPOAST)的研发主要基于传统方法,其理论基础是最大似然法和赤池信息量准则(Akaike information criterion,AIC),其中AIC是衡量统计模型拟合优度(goodness of fit)的标准,可以权衡所估计模型的复杂度和此模型拟合数据的优良性;而贝叶斯法的模型平均理论,即模型权重法,在软件研发时需要更复杂的程序及对统计学细节有更深入的了解,目前也是基准剂量软件研发的新趋势。

1.2　基准剂量法的发展

　　基准剂量法用于剂量-反应评估并不是现在才有的,早在20世纪60年代就有人提出了在癌症的低剂量风险评估中应用基准剂量法。当时的分析过程是计算出在最低的试验剂量水平下,额外肿瘤发生率的置信区间上限值或者导致出现1%的额外肿瘤发生率的估计剂量的置信区间上限值(即后来的BMD),即通过采用数学模型(如probit-log剂量模型)以低剂量水平的斜率因子(每减少10倍剂量为1个probit因子)来估计低剂量下的癌症发病率。20世纪80年代又有学者提出了低剂量线性外推法,即利用线性模型以动物致癌试验研究的剂量-反应关系数据求得的起始点(POD)数据,再对人群低剂量暴露的致癌风险进行外推估计。该方法适用于无阈作用剂量和致癌机制不明确的物质的致癌风险评估。描述癌症效应和非癌症效应的健康风险之间的主要区别是,预期由于若干因素,额外的癌症风险在低剂量时呈线性。这是由许多因素造成的,一方面,包括单个突变诱发癌症的理论潜力和背景反应增加的可能性(U. S. EPA,1986;Crump et al. ,1976);另一方面,非癌症效应通常被认为只有在接触量足够大(阈值)时才会发生。对癌症效应进行剂量-反应评估的通常做法是将统计模型与肿瘤发病率数据相匹配,将风险外推到低剂量的方法随着对癌症致病机理的认识深入而改变(U. S. EPA,1986;2005a)。从历史上看,数据的可变性而导致的癌症风险估计的不确定性,是通过在极低风险水平下(通常为 $10^{-6} \sim 10^{-5}$),使用暴露与风险之间斜率上的 95％ 置信区间上限来解决的。过去,人们普遍认为癌症的毒效应机制和非癌症的毒效应机制存在巨大差异,从而导致在剂量-反应评估过程中,针对两者所带来的健康风险有着截然不同的分析方法。然而,随着人们对毒性效应/毒作用的潜在生物学有了不断深入的了解,癌症和非癌症作用之间的明显差异已经开始减少。基于此,EPA 等机构针对癌症和非癌症效应的剂量-反应评估方法开始研发适用性更加广泛的定量方法。

　　1984 年,Crump 率先提出了"基准剂量"这一概念,他认为传统的 NOA-EL 法虽然使用多年,但对于 NOAEL 的确定缺乏指导原则,尤其当对照组动物出现了一些自发性损害时,NOAEL 值便难以确定;并且该方法的一个明显缺点在于样本量较小的试验往往会得到一个更大的 NOAEL 值,且 NOAEL 法根本没有考虑到剂量范围内的剂量-反应的斜率的影响。Crump 提出的"基准剂量(benchmark dose)"是对产生某种预先确定的反应率增加(如 1％或 5％)的剂量的统计学的置信区间下限值,使用数学剂量-反应模型来计算。该方法充分利用了样本量和剂量-反应曲线,而且不涉及远低于试验剂量范围的外推。Dourson 等在随后也提出了此方法,并认为 BMD 法弥补了传统的 NOAEL 法的一些不足。

BMD 法能更好地表征和量化某种特定化合物潜在的风险,扩大动物试验获得剂量-反应曲线的使用范围,改进该物质在预期人类暴露水平的风险评估,1993 年美国毒理学年会对 BMD 法给予高度重视,并深入讨论。1995 年 EPA 在 BMD 的专题讨论会上,明确了以 BMDL 代替 NOAEL 或 LOAEL 的可行性和实用性,并成立了工作组。随着 BMD 法的推广,欧盟食品安全局 (EFSA)、联合国粮农组织和世界卫生组织食品添加剂联合专家委员会 (JECFA)均提出了用 BMD 法推导起始点(POD),以用来计算既有遗传毒性又有致癌性物质的暴露限值。BMD 法的发展历史见表 1.1。

表 1.1　基准剂量法的发展简史

年份	机构	BMD 的发展
1983	EPA	成立了表观遗传致癌工作组
1984	EPA	工作组成员之一 Kenneth Crump 提出"基准剂量"概念
1985	EPA	发表 BMD 相关的文章并成立 BMD 法工作组
1995	EPA	风险评估论坛讨论 BMD 法在风险评估中的应用
1995	EPA	首次基于 BMD 法获得甲基汞的 RfD 值
2000	EPA	发布 BMDS 软件及 BMD 法指南草案
2005	EFSA	推荐在风险评估中使用 BMD 法
2006	JECFA	推荐在风险评估中使用 BMD 法
2008	WHO	对三聚氰胺的风险评估中使用 BMD 法
2009	IPCS	发布 EHC240 指南中明确了 BMD 法
2009	EFSA	发布《风险评估中使用 BMD 法指南》
2012	EPA	正式发布 BMD 技术指南
2014	RIVM	发布 PROAST 软件用于 BMD 分析
2017	EFSA	更新《风险评估中使用 BMD 法指南》
2019	IPCS	修订并完善 EHC240 的部分内容

第2章 基准剂量法与 NOAEL 法的比较

对大多数毒理学效应而言,剂量-反应评估的总目标是确定在试验条件下,受试动物中没有出现明显的健康损害效应的剂量;然后使用从毒性研究中推导出的起始点(POD)来计算人类的摄入水平,在考虑了种间和种内差异的不确定性和变异性、次优研究特征以及缺失数据等因素的情况下,可以在此水平上有把握地预计不会出现明显的健康损害效应。风险评估中的危害特征描述需要使用一系列动物毒性研究的剂量范围,需要动物研究中小样本量产生的有害作用达到足可观察到的受试物剂量。此外,还需要获得剂量-反应关系中较低部分对应的各种剂量信息。试验及生物学变异影响反应值的测量,结果是每一剂量水平的平均反应值会包含一个统计学误差。因此,需要用统计学方法来分析剂量-反应数据,以避免与数据相关的统计学误差而导致不恰当的生物学结论。目前,有2种统计学方法可用于起始点(POD)的推导:NOAEL 法和 BMD 法。本章将具体比较两者的优点和局限性。

2.1 NOAEL 法

传统的 NAOEL 法已经使用了50多年,该方法适用于所有存在阈值的毒理学效应。其定义为,在特定的暴露条件下,通过试验或观察,某种物质不引起机体发生任何可检测到的形态、功能、生长、发育或寿命的改变的最高浓度或剂量。NOAEL 法的试验指南是,对研究中的每个不良效应/终点,根据专家意见并且通过统计学检验对每个试验组和对照组进行比较,确定该研究中的未检出效应的最高试验剂量水平;试验中不同的观察终点有相应的 NOAEL 值,但在确定试验 NOAEL 值时,通常要选择其最低值。NOAEL 是某一试验中未观察到不良效应的最高剂量。NOAEL 值取决于试验设计时的剂量选择和试验检测到不良效应的能力。因此,检验效能低(如样本量少)或检测不灵敏的试验仅能检测出较大的效应,这些试验得出的 NOAEL 值会偏高。如果一项试验的所有剂量都能产生显著效应,那么选择其中的最低可见不良作用水平即 LOAEL(lowest observed adverse effect level)。

依照惯例,当实验动物数据用于无遗传毒性或无致癌性物质的风险评估时,选择物质的 NOAEL/LOAEL 值作为推导健康指导值的起始点(POD),并通过式(2.1)计算健康指导值(HBGV):

$$\text{HBGV} = \frac{\text{NOAEL/LOAEL}}{\text{UFs}} \qquad (2.1)$$

式中,UFs 指"不确定系数"。

NOAEL 值没有考虑到剂量-反应估计中的变异性,其主要局限性包括以下几点。

(1)因为 NOAEL/LOAEL 是试验过程中采用的剂量或浓度之一,所以 NOAEL 或 LOAEL 的结果依赖于试验剂量的选择。

(2)NOAEL/LOAEL 高度依赖于样本量的大小。随着样本量的减少,显著性差异的统计检验效率也在降低,结果导致每个剂量组实验动物数较少的试验会倾向于产生较大的 NOAEL/LOAEL 值。

(3)NOAEL 是基于点值数据,未考虑到剂量-反应关系的斜率和剂量-反应估计的可变性。

(4)当一个试验无法获得 NOAEL 时,只能以 LOAEL 取代,再采用扩大不确定系数的方式加以外推。

(5)不同试验的 NOAEL/LOAEL 未必能提供在同一反应水平上的作用剂量。

2.2　基准剂量法(BMD 法)

BMD 法适用于所有的毒理学效应。该方法是对于一个特定的观察终点,应用其所有剂量-反应数据来估计总体剂量-反应关系的形状。BMD 是一个剂量水平,从估计的剂量-反应曲线上获得,与反应的特定改变有关,该反应被称为基准反应(benchmark response,BMR)。BMDL 是 BMD 的置信区间下限,该值通常被用作参考点。

BMD 法拓展了可用的剂量-反应数据的使用范围,且对剂量-反应数据中的不确定性进行了量化,因此在推导参考点时,BMD 法是一种更科学更先进的方法。作为特定基准反应的结果,用 BMD 法推导出的 POD 更加一致;BMD 法充分利用了剂量-反应数据,因而对 POD 的预测更为准确,它还扩展了试验数据的适用范围,而且能够对潜在风险特征进行量化描述。利用 BMD 法制定健康指导值的公式如式(2.2)所示。

$$HBGV = \frac{BMDL}{UFs} \qquad (2.2)$$

式中,UFs 指"不确定系数"。

BMD 法具有以下几个方面的优点。

(1)剂量选择:BMD 和 BMDL 不局限于试验过程中采用的某个剂量。

(2)样本量大小:适当考虑样本量的大小问题,如果样本量减少,其真实的反应发生率的不确定性也增加。

(3)交叉性研究比较:在已选择的 BMR 水平上所观察到的反应水平是可以进行跨研究比较的。

(4)试验结果的变异性和不确定性:影响结果的可变性或不确定性(剂

量选择、剂量间距、样本大小)均有考虑到。

(5)剂量-反应信息:充分考虑了剂量-反应曲线的形状、斜率等信息。

(6)无法获得 NOAEL 的研究:如果研究中无法获得 NOAEL 值,仍然可以求得 BMD 和 BMDL。

2.3　BMD 法和 NOAEL 法的比较

BMD 法是 NOAEL 法的一种替代方法,过去的数十年里,研究人员主要通过 NOAEL 法获得剂量-反应评估中的 POD 值,但是这一方法确实存在许多局限性,下面进一步列举 BMD 法较 NOAEL 法的几点优势。

(1)毒理学判定更科学:在评价化学物的毒性作用时,无论是 NOAEL 法还是 BMD 法,均要对机体中的有害效应进行科学的毒理学判定。NOAEL 法是根据试验数据的统计学特征进行毒理学判定,通过个例分析的方法获得 NOAEL 值,即 NOAEL 值仅局限于某个试验剂量。而在应用 BMD 法时,需要对剂量-反应模型、置信区间水平的大小、基准反应(BMR)水平等进行选择;不同类型的毒性效应所选择的 BMR 水平是不同的。因此,BMD 法可以与某个明确的反应水平联系起来,不同试验均能提供针对符合某个反应终点的反应水平上的作用剂量,使得同一反应水平的不同试验之间具有可比性。

(2)结果更可靠:NOAEL 值是基于单一的试验剂量,因此与对照组相比较确定统计学意义时,要考虑变异性因素;此外,不确定因素无法量化时,NOAEL 值的可靠性和准确性难以评估;由于统计学和分析学的误差,可能在 NOAEL 存在一定的危险性。BMD 法充分利用了所有的剂量-反应资料,并且通过置信区间下限值(BMDL)来说明数据的变异性及不确定性,因此,结果更加可靠。

(3)对样本量的依赖性低:NOAEL 法高度依赖样本量的大小;样本量

较少的试验会倾向于产生较大的 NOAEL 值,因为只有足够大的反应差别才能被认为具有统计学意义,这样就会产生因试验设计不足而导致的误差。BMD 法考虑到资料的试验误差,使用基准剂量的下限值(BMDL)作为推算安全剂量的起始点(POD),使样本量问题的处理更加合理,同时为试验设计提供科学依据。例如,样本量越小,模型估计结果的不确定性越大,置信限的范围也就越大,从而使相应的 BMDL 降低;而较大的样本量会产生较高的 BMDL,原因是设计较好的试验会在资料中提供更多的统计检验效率,从而产生较高的 BMDL。

(4)对试验剂量的选择依赖性低:NOAEL 值通常是试验中采用的某个剂量或者浓度,因此 NOAEL 值依赖于试验剂量的选择。然而,BMD 法是利用了所有的试验资料,选用合适的剂量-反应模型,通过统计处理而获得 BMD 值,消除了试验设计时的随机性误差,使 BMD 值对试验剂量的依赖性降低。

(5)利用了更多的剂量-反应资料:NOAEL 法仅利用了某个试验剂量的试验数据,对于剂量-反应曲线资料(如曲线的斜率、形状等)只用于半定量考虑,因此 NOAEL 法在实际应用中存在不足和局限性。例如,一些研究中各个剂量水平均出现不良效应,则需要重复更低剂量组的试验,导致试验周期延长和实验动物的浪费;再如,由于试验所设剂量组数有限,NOAEL 和 LOAEL 之间差异较大,无法获得 NOAEL 值,只能利用 LOAEL 和不确定系数(1~10)来外推到 NOAEL,但这样增加了不确定因素,结果的准确性和可靠性较低。与 NOAEL 法相比,BMD 法充分利用完整的剂量-反应资料,即使是在具体毒性作用机制不明的情况下,也能推导出有用的信息。

总之,BMD 法的应用范围比 NOAEL 法更加广泛,适用于农药、食品添加剂或污染物在内的所有化学物质,且与物质的分类或来源无关。BMD 法还特别适用于下列情况:①不能确定 NOAEL 值的情况;②为具有遗传毒性和致癌性物质的暴露限值提供参考值;③能对观察性流行病学数据进行剂量-反应评估。当然在某些特殊情况下,一些试验数据也不适用于 BMD 法,如有效数据的不完全或者缺乏无法充分描述数据资料的模型,而且 BMD 法需要通过大量的模型计算及数据分析等过程,与 NOAEL 法相比,较为复杂且费时。因此,BMD 法并不能完全取代 NOAEL 法,而是传统 NOALE 法的一种替代和补充。

第3章　基准剂量法的概念与原理

"基准剂量"这个概念是由 Crump 首次提出,随着该方法的不断推广及应用,其概念也不断地得到了完善。

3.1　基准剂量法的概念

美国环境保护局(EPA)对"基准剂量"的定义是:在背景值的基础上,引起预定频率的不良健康效应的剂量值。EFSA 和 JECFA 对 BMD 的定义为:BMD 是一个剂量水平,从估计的剂量-反应曲线上获得,与反应的特定改变有关,该反应被称为基准反应(benchmark response,BMR)。BMDL 是 BMD 的置信区间下限,该值通常被用作参考点。图 3.1 形象地解释了 BMD 法的基本概念。从该图可以看出,如果 BMR 为 5%,计算出来的 BMDL 如下。

$$BMDL_{05} = 反应可能低于 5\% 的剂量$$

此处的"可能"由统计学上的置信区间来确定,通常是 95% 置信区间。

我国在《食品安全国家标准　健康指导值》(GB 15193.18—2015)中对"基准剂量"定义为:依据剂量-反应关系研究的结果,利用统计学模型求得的受试物引起某种特定的、较低健康风险发生率(通常定量资料为 10%,定性资料为 5%)剂量的 95% 置信限区间下限值。

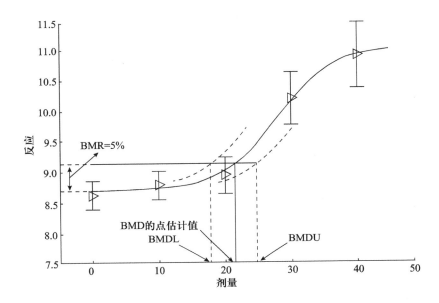

图 3.1　BMD 的基本概念（以假定的连续型数据为例）（EFSA，2009）

将观察到的平均反应效应（▷表示）及其置信区间绘制出来。实曲线代表的是拟合的剂量-反应模型，这条曲线决定了 BMD 的点估计值，BMD 通常定义为与较低的且可测量的效应（BMR）相对应的剂量。虚线分别代表效应 95％置信区间的上、下限（单侧）作为剂量的函数。它们与水平线的交点位于 BMD 的下界和上界，分别表示 BMDL 和 BMDU。值得注意的是，BMR 并不是指试验观察到的平均基线反应的变化，而是根据拟合模型所预测的基线（背景）反应所推导出来的，这两者之间存在着重要的差别，因为通常情况下，拟合的曲线不能与观测到的背景效应完全吻合（因此，将 BMR 添加到观察到的背景效应中通常不会提供与 BMD 剂量响应的正确交点）。在图 3.1 中，BMD 对应着基准（背景）效应发生 5％的变化（BMR＝5％）。从拟合曲线上得出一个估计的基线反应是 8.7，那么 5％的增长等于 9.14（即 8.7＋0.05×8.7）；因此，若 BMD_{05} 是 21.50（利用拟合的剂量-反应模型，反应为 9.14 与横坐标的交点）。在本例中，$BMDL_{05}$ 的值为 18。

3.2　基准剂量法的原理

　　基准剂量法的本质是通过剂量-反应数据模拟一系列的数学模型从而获得一个基准剂量值,也就是数据拟合模型的过程。在选择合理的模型时,剂量-反应建模优先考虑的是那些能够符合生物学过程中的相关具体情况的模型。例如,这类模型能够涵盖生物学过程中的显性表达形式(如细胞生长动力学、饱和酶处理过程等)或者可以考虑协变量的效应(如时间效应/响应时间)。如果没有生物学模型,剂量-反应的建模则很大程度上只是一种曲线拟合的工作。

　　在建模之前还需要确定的工作包括:评价某一化学物的毒性数据库,选择建模的目标,选择建模的目标反应终点,选择合适的剂量指标,以及确定这些数据是否满足 BMD 分析的需要。根据危害特征描述以及剂量-反应评估所选择的终点,可以对建模的相关研究和 BMD 分析进行判断:绝大多数数据集所呈现出来的是与剂量成梯度单调性的反应关系,有利于 BMD 分析。用于计算 BMD 值的最小数据集也应该在所选择的反应终点上呈现出明显的生物学或者统计学的剂量相关趋势。当然,如果研究中有一个或者多个反应水平接近 BMR,则能更好地预估 BMD。所有剂量水平(组)的数据集在与对照组比较时,能够呈现出显著的统计学或者生物学改变(无 NOAEL 的情况)时,也同样可以使用 BMD 法分析。

　　用对数据拟合同样好的不同模型,会得到不同的 BMD 和 BMDL 值,这反映了模型的不确定性。为了考虑这种模型的不确定性,就需要用不同的模型来拟合同一数据集。目前可获得的 BMD 软件(BMDS 及 PROAST)都考虑到了模型拟合的不确定性,并提供了足够和灵活的模型来分析不同的数据类型,如果使用其他软件,也建议使用相同的备选模型集。表 3.1 对这些模型进行了总结,应用嵌套模型家族的优势是可以决定哪一个模型拥有适

表 3.1   BMD 方法中推荐的模型

模型	参数数量	模型表达式(剂量为 x,应变量为 y)	限制条件
全模型[i]			
Null 模型[ii]	1	$y = a$	$a > 0$(连续数据)
			$0 < a < 1$(量子数据)
连续数据			
指数模型家族			
模型 2[iii]	3	$y = a \exp(bx^d)$	$a > 0$
模型 3[iv]	4	$y = a[c - (c-1)\exp(-bx^d)]$	$a > 0, b > 0, c > 0, d > 0$
Hill 模型家族			
模型 3[iii]	3	$y = a[1 - x^d/(b^d + x^d)]$	$a > 0, d > 1$
模型 4[iv]	4	$y = a[1 + (c-1)x^d/(b^d + x^d)]$	$a > 0, b > 0, c > 0, d > 0$
量子数据			
Logistic	2	$y = 1/[1 + \exp(-a - bx)]$	$b > 0$
Probit	2	$y = \text{CumNorm}(a + bx)$	$b > 0$
Log-logistic	3	$y = a + (1-a)/\{(1 + \exp[-\log(x/b)/c]\}$	$0 \leqslant a \leqslant 1, b > 0, c > 0$
Log-probit	3	$y = a + (1-a)\,\text{CumNorm}[\log(x/b)/c]$	$0 \leqslant a \leqslant 1, b > 0, c > 0$
Weibull	3	$y = a + (1-a)\exp[(x/b)^c]$	$0 \leqslant a \leqslant 1, b > 0, c > 0$
Gamma	3	$y = a + (1-a)\,\text{CumGam}(bx^c)$	$0 \leqslant a \leqslant 1, b > 0, c > 0$
LMS (two-stage)	3	$y = a + (1-a)[1 - \exp(-bx - cx^2)]$	$a > 0, b > 0, c > 0$
潜变量模型 (LVMs)基于上述连续模型[v]	取决于潜在的连续模型	这些模型假设一个潜在的连续效应,根据数据估计的(潜在的)截止值将响应一分为二(是/否)	参照连续模型

注:a,b,c,d 为将模型与数据拟合得到的未知参数。

CumNorm 为累积(标准)正态分布函数。

CumGam 为累积伽马分布函数。

[i] 全模型将得出数据的对数似然(给定的统计假设)的最大可能值。

[ii] Null 模型为可以嵌套在任何剂量-反应模型中的模型;它反映的是无剂量反应(=水平线)。

[iii] 在 PROAST 中称为 model 3,与 BMDS 中的指数模型类似。

[iv] 在 PROAST 中称为 model 3,与 BMDS 中的指数模型类似。

[v] 潜变量模型在 PROAST 中实现。

当的参数数目,即参数的数目不多不少。例如,当剂量-反应接近线型时,有两个参数的模型就足够了,而对于剂量-反应的 S 形曲线,至少需要一个有 3 个参数的模型(一个参数用来定位达到 50％反应的剂量,另一个用来描述最大反应的幅度,第三个用来描述最大和最小反应的坡度)。从简单模型(含有较少的参数)开始来寻找统计学上适宜的模型,然后检查是否增加一个参数会明显增加曲线的拟合度。如果是,那么就接受那个具有额外参数的模型。这个过程可以反复进行,直到找到一个具有合适参数数目的模型。

接受一个拟合模型有两个原则。第一个原则是应用似然比检验,确定是否增加一个参数会明显增加曲线的拟合度,并且从一系列嵌套模型家族中通过比较不同家族的对数似然值选择唯一的数值。如前所述,通常会选择具有较少的参数,同时又能较好地拟合数据的那个数值。第二个原则是任何拟合的模型,都应能提供关于剂量-反应数据的合理描述,根据拟合优度检验,$P > 0.05$。比较推荐的拟合优度检验方法是似然比(likelihood ratio)检验。如果分析软件包中没有此方法,也可以考虑其他检验方法,如皮尔森卡方检验(Pearson's Chi-squared test)。在似然比检验中,拟合模型的对数似然值与"全模型"的对数似然值进行比较和检验。全模型仅由观察(平均)到的反应和对应的剂量组成。因此,参数的数目与剂量组的数目是相同的。如果一个模型的拟合并不明显比全模型差,这时就可以选择此模型。似然比检验可以用来检测是否嵌套模型中增加额外的参数可以导致拟合度的显著增加。模型参数及其对连续数据和量子数据的解释见图 3.2。

BMD 法并非为了得到唯一的统计学上最有意义的 BMD 估计值,而是得到所有与数据兼容的合理的数值。因此,并非要找到唯一的最佳拟合模型,而是找到那些可以接受的拟合模型。EPA 研发的 BMDS 软件就是运用了可能性理论来估计函数参数,并最终做出风险评估数据。

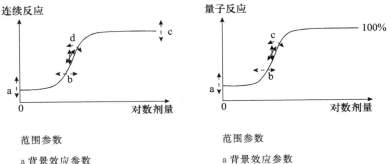

图 3.2   模型参数及其对连续和量子数据的解释（虚线箭头表示在更改相应
参数时曲线将如何变化）

在连续数据的模型表达式中，参数 a（反映背景效应）用乘法的形式包括进来，这与将 BMR 定义为与背景响应相比的百分比变化（而不是差异）一致。此外，它将不同子组的正常响应匹配为 100% 效应。有时候，剂量-反应数据可能包括负值，如体重增加在高剂量时从正值减少到负值。在这些情况下，严格为正的推荐模型不再有效，需要具有附加背景参数的模型。但是，如果仅有个别体重数据，体重增加最好以比率（百分比变化）而不是差异来表示。

第4章 基准剂量法的分析步骤

研究人员在应用 BMD 法建模之前需要确定:评价某一化学物的毒性数据库,选择建模的目标,选择建模的目标反应终点,选择合适的剂量指标,以及确定这些数据是否满足 BMD 分析的需要。

4.1 基准剂量法的分析步骤

一般来说,确定一项研究的 BMDL 值包括以下 6 个主要步骤,通常,使用 BMD 法需要考虑数据类型、剂量-反应关系等因素,归纳起来主要有以下 6 点。

(1)明确剂量-反应数据的类型,即数据评估,包括选择研究和用于 BMD 分析的关键效应,以及最小数据集需求。

(2)确定 BMR。

(3)选择合适的剂量-反应模型。

(4)确定拟合最佳的模型,即模型拟合、模型拟合评价、模型比较。

(5)获得 BMDL 值。

(6)形成 BMD 分析报告。

针对 BMD 的分析过程,EPA 在基准剂量法指南中提出了"六步法"的分析思路(图 4.1)。上述步骤中,"确定 BMR"为最关键的一点(详见 4.2 的内容)。

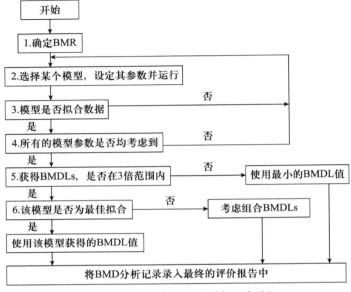

图 4.1   基准剂量法分析树(六步法)

4.2   BMD 法分析的关键步骤

一般来说,试验中设计的剂量组越多,且具有分阶段(分级的)单调性剂量-反应关系时,越有利于 BMD 分析。研究结果中,若只有单一剂量水平显示出不同于对照组的效应,则不适合使用 BMD 分析,但如果该剂量水平是在 BMR 附近,也可能获得合理的 BMD 和 BMDL 计算结果。如果剂量水平的反应效应与背景值一致,或者该剂量水平处于或接近最大反应水平(级别),则不适合选择 BMD 法进行分析。有一个或者多个剂量水平接近 BMR 水平时,获得的 BMD 值最可靠。目前针对 BMD 法的分析原则及结果判定,WHO、EPA 和 EFSA 等机构均给出了相应的指导意见或技术指南,其基本原则都大体相同,主要包括以下 3 个方面。

4.2.1　数据类型

在许多情况下,风险评估者必须依靠关键的毒理学研究的总结报告来进行风险评估,对于 BMD 法,分析数据类型的不同将直接影响 BMD 的统计学推论和 BMR 的选择。因此,一旦选择 BMD 法进行分析时,需要考虑项目的研究内容和观察终点;在考虑最小数据集的要求时,最重要的一点是要确定这些总结数据能否给 BMD 法提供充足的信息。目前常用的终点数据类型包括:二分类数据(dichotomous data)、连续型数据(continuous data)和分类数据(categorical data)。

(1)二分类数据(或量子)数据:二分类效应一般报道为某个效应存在的是与否,二分类(或量子)数据通常报道的是某个个体水平(如 11/50 动物出现了某个效应)。偶尔,某个二分类终点也会报道某剂量组中未出现某个效应的动物数目,即当项目报告的观测终点动物的发生率与项目报告的关注效应无关时,通常会发生这种情况。对于拟合 BMD 模型的二分类数据来说,需要明确给出剂量组中发生反应的动物数量及总体的动物数。

另一个特殊数据是巢式二分类数据,这类数据多出现在生殖发育毒性研究中。怀孕的动物暴露于某种外源化学物质后,对其子代动物进行相关效应的测定。巢式二分类数据通常有下列几种描述形式:①受影响的总胎仔数量及剂量;②至少有一个胎仔受影响的窝数;③受影响的平均胎仔数或窝数(附带测量的变异性)。

对于这类数据,尤其要注意的是,模型需要能够解释窝内的相关性(如与不同窝内的胎仔的反应程度相比,同一窝内的胎仔动物对外因的反应程度更加相似)。

(2)连续型数据:连续型数据指的是对某个效应的测量值,如对照组和试验组动物的体重、酶活性等。其反应程度可以有多种表述方式,如实际测量值或者相对于对照组改变的差值。在模型拟合连续型数据时,如果无法获得个体动物的数据,可以提供各剂量组中受试动物数量、反应变量的平均值和测量的变异性[如标准差(SD)、标准误差(SE)或方差]。如果缺少 SD 或 SE,则会妨碍 BMD 的计算。某些情况下,可以仅选择对照组的变异性,而这个信息可用于模型拟合时的一个假设,如当试验组的变异(方差)与对照组相同的情况。但是,如果这个假设不正确,如当变异信息需要对单独个体可行的情况下,模型拟合数据和置信区间的计算则不可靠或不准确。

(3)分类数据:分类数据是指除无效果以外,还存在一个以上的已定义其他类别的数据(类别内的效应属于量子数据)。例如,当观测到试验组根据病变的严重程度(如轻度、中度或严重的组织学改变)进行分类,这些是有序的分类数据,也称为有序数据(ordinal data)。该类数据结果一般通过记录整个试验组按类别(组水平)或报告每个类别中每个组的动物数量(个体水平)进行分类的形式。例如,一份上皮退行性病变的病理报告中,记录的是试验组显示出轻度影响(组水平),或者试验组中有 7 只动物有轻度影响,3 只没有影响(个体水平)。在后一种情况下,BMD 法可以在结合严重程度分类的数据后,使用定量模型计算(如对所有效果大于轻度的动物建模)。二分类数据可以看作一种特殊情况,其中只有一个效应类别,可能的效应是二元的(如效应或无效应)。

4.2.2 BMR 的选择

基准反应(benchmark response,BMR)的定义为:如果在某反应终点有一个在生物学意义上被认为是可接受的变化水平,那么这个变化水平就是基准反应(BMR),简而言之,BMR 就是不产生有害作用的水平。

利用 BMD 法选择 POD,实际上是对 BMR 的选择,因为模型的结果仅能得出针对所选 BMR 的 BMD 和 BMDL。选择 BMR 涉及对数据集的统计和生物学特性以及最终对 BMDs/BMDLs 的判断。起初,BMD 法主要应用于量子数据,用于这类动物试验数据时,建议使用 1%、5% 或 10% 的 BMR。

5％的 BMR 对于某些毒性资料是可行的,但并不适用于所有毒性资料。对于量子数据,10％的 BMR 似乎更合适,因为在较低的 BMR,BMDL 将在很大程度上取决于剂量-反应模型的选择。有研究报道,致死性资料的 BMDL$_{10}$ 基本上接近于其 NOAEL 值。同样,对于发育毒性的量子数据,与 5％或 1％的 BMR 相比,10％的 BMR 所得出的 BMDL 值更接近于 NOAEL 值。但是在这种情况下,BMDL$_{10}$ 仍然比 NOAEL 值减少了 2/3。在人群资料中,所用的 BMRs 甚至低至 1％,如 EFSA 曾经在人体试验中用 1％的 BMR 来推导黄曲霉毒素的 BMD 或 BMDL,即当受试者的样本量很大,BMR 选择 1％是合理的。对于连续数据,5％的反应水平通常出现在观察效应范围之内,因此这种 BMR 可以估计出不必过于依赖模型的 BMD 和 BMDL。研究人员对美国国家毒理学计划(NTP)中的大量试验进行二次分析后发现,从总体上说,BMDL$_{05}$ 值接近于同一资料所得的 NOAEL 值,但在大部分单个数据中,它们相差 1 个数量级。

理想状态下,BMR 将反映出可以忽略不计或无副作用的效应大小。但是在实际操作中会受到限制,所选择的 BMR 不应该太小,避免利用外推方法来估计处于观察数据范围之外的 BMD,这样 BMDL 将主要取决于所采用的模型。目前,各机构均认可 BMR 选择范围为 1％～10％,且将有生物学意义的水平作为选择 BMR 的重要考量。当某试验无法确定 BMR 时,EPA 在其指南中建议,可以将 BMR 选择为与对照组平均值相差一个标准差(SD)的平均值的变化。需要强调的是,BMR 的选择应该由毒理学家及临床医生讨论后决定;尤其是在确定何种水平下的反应能够代表可以忽略的健康效应的情况时,BMR 的选择更需要达成专家共识,并且在关键数学方法的选择方面,仍然需要专家的主观判断。

4.2.3　BMDL 的确定

在通过 BMD 软件获得了 BMD/BMDL 值后,通常是以数据拟合最佳的模型获得的 BMDL 为最佳值。然而在实际操作过程中，可能不止一种模型对数据拟合良好，即有多个模型均可以拟合该数据，如果这些模型推导出来的 BMDL 值相差很大时（＞3 倍），则选择其中最小的 BMDL 为最佳；如果这些模型推导出来的 BMDL 值很相近时（≤3 倍），则需要考虑 BMDL 的相对模型拟合或者模型权重。

　　以 BMDS 为例（具体操作见第 6 章），该软件基于最大似然法，最终结果基于参数矢量并最大化似然函数；同时根据 Akaike 信息量准则（AIC），运行后 BMDS 输出页面的值是 $-2L+2P$，其中 L 是 log-likelihood（对数似然值），即参数最大似然估计的对数似然值，P 是模型估计参数的数量。它可以用来比较采用相似拟合方法的不同类型的模型，同时也适用于 BMDS 的二分类、连续和巢式模型。基于该理论，结果中 AIC 值越小的模型被认为是比较好的模型，当然在实际应用时还需考虑数据拟合曲线、残差等具体细节（详见第 7 章）。

第 5 章　基准剂量法的分析软件

科研人员已开发出多款 BMD 分析软件,软件的发展大大促进了基准剂量法在化学物健康风险评估中的应用,为各国开展化学物的风险评估和规范化行动提供了强有力的支持。

5.1　常用的 BMD 法分析软件

目前应用最广泛的 BMD 软件有 2 种:美国环境保护局(EPA)开发的 BMDS 和荷兰国家公共卫生与环境研究院(RIVM)研发的 PROAST。近年来,模型权重也成为 BMD 分析的趋势,其理论基础是贝叶斯模型平均法,以模型后验概率为权重,将备选模型的不确定性考虑在内的统计分析方法,它能够综合考虑不同备选模型,使分析更具科学性。已有学者将贝叶斯模型平均法引入 BMD 的分析中,并研发出了 BBMD 分析软件。

5.1.1　BMDS

1995 年,美国 EPA 的国家环境评估中心(NCEA)发起了一项开发基准剂量软件的项目,以协助机构风险评估人员得出用于机构风险评估的基准剂量值。BMDS 自 1999 年首次发布以来一直在不断改进和完善。BMDS 现在包含 30 个不同的模型,这些模型适合于分析二分类数据、连续数据、巢式(嵌套)的发育毒理学数据、多肿瘤分析和浓度-时间数据等。BMDS 通过提供简单的数据管理工具和易于使用的接口,在相同的剂量-

反应数据集上运行多个数学模型,从而优化风险评估的过程。该软件基于 Windows 及设计良好的图形用户界面(GUI),能够帮助用户分析多种类型的剂量-反应数据,其分析的数据类型最早为二分类数据和连续型数据。多年来,一些特殊的剂量-反应模型(嵌套型/巢式数据)也逐步添加到该软件中,同时还增加了第三方软件包,如 BMDS Wizard,从而满足用户的一些特定使用及特殊要求(具体操作见第 6 章)。

5.1.2　BBMD

Bayesian Benchmark Dose (BBMD) Modeling System 是由美国印第安纳大学(卢布明顿)邵侃教授研究组发起研制,随后由 DREAM Tech 公司继续研发和运营的在线剂量效应建模和基准剂量估算系统。作为一款在线运行的跨平台系统,其最大的特点就是数据的建模、分析和存储均由服务器完成,以便用户随时随地用各种设备进行访问。BBMD 系统的另外一个重要特性是模型拟合、参数估算等重要步骤均在贝叶斯统计的架构下完成,即利用马尔可夫链蒙特卡洛算法得出参数的后验概率分布。贝叶斯统计的应用使得该系统较其他系统有两个重要的优势:①基准剂量的概率分布估算可以更有效地支持和衔接日益受重视的化学品概率风险评估;②贝叶斯统计估算中先验概率的使用为提高估算准确性和优化毒理学试验设计打开了一扇重要窗口。

BBMD 系统自 2017 年上线以来,经过不断地改进,目前可以对二分类数据、连续数据及分类数据(categorical data)进行基准剂量建模分析。在图形界面设计方面,BBMD 均采用步骤推进式设计,既使得用户能够根据 BMD 分析步骤渐进式操作进行 BMD 分析,也减少了分析过程中的误操作的发生率。同时,BBMD 系统将模型的参数估算与 BMD 计算分离开来的设计,优化了运算效率,使得系统对数据的利用率和处理速度大大提高。BBMD 系统的另一个优势就是其设计精良的图形展示,重要数据的可视化对解释 BMD 法的含义并推广 BMD 法有着重要作用。

5.1.3　PROAST

　　PROAST 是由荷兰国家公共卫生与环境研究院(RIVM)研发的一款软件,PROAST 最早是以 R 编程语言软件包的形式出现,该软件可在任何安装 R 语言的操作系统(如 Windows,Linux,Mac)上安装及使用。PROAST 可以分析具有剂量-反应关系的二分类数据、连续型数据及有序数据(ordinal data),2014 年又开发了带有图形用户界面(GUI)的版本(v.38.9)。该软件可用于剂量-反应建模,为人类的健康风险评估推导出基准剂量以及在生态毒理学风险评估中导出效应浓度等。具体适用的研究类型如下。

　　(1)各种体内研究(动物、人体或生态毒理学)的剂量-反应数据。

　　(2)体外研究的浓度-反应数据。

　　(3)高通量数据(如以基因表达作为剂量的函数)。

　　(4)混合研究的剂量-反应数据。

　　(5)在单个分析中为类似反应终点的剂量响应数据集进行组合。

　　(6)在任何其他科学领域的非线性回归,包括选择比较亚(子)组之间的关系。

　　(7)一项毒理学研究的完整数据,其整个系列的观测终点仅需通过一次快速(自动)分析即可完成。

　　PROAST 的一个重要特性是它可以比较不同亚组之间的剂量-反应关系,如性别之间、研究时间之间或重复研究之间。基于统计分析,PROAST 表明各亚群之间的不同剂量-反应关系是否不同,如果不同,能够说明其具体的差异之处(如背景反应、对化学物的敏感性或剂量-反应曲线的形态)。

5.2 软件对比

BMDS 和 PROAST 两款软件的原理基本一致,对计量资料和计数资料均适用,软件的计算过程主要有以下几个步骤:①创建数据集;②选择合适的数据模型;③选定运行的模型以及相关参数(明确 BMR、可模拟的剂量-反应模型);④运行软件计算 BMD 和 BMDL,并获得文本及图表形式的结果。与 PROAST 相比,BMDS 在应用性和操作性上更加简便,有利于今后风险评估工作中的应用及推广,因此本书重点介绍 BMDS 的基本操作过程。

总之,上述软件各有优势,仅仅在一些技术细节上有些许差异,如包含的剂量-反应模型类别、连续型数据分布的默认缺省假设等(表 5.1)。总的来说,这几款软件均适合剂量-反应分析和推导 BMD 及 BMDL 值,并且使用到了以概率学为基础(如最大似然估计)的统计学方法进行剂量-反应模型拟合及参数估计。

表 5.1 BMDS、PROAST 和 BBMDS 间的比较

项目	BMDS	PROAST	BBMDS
环境	Windows 下即可运行	需要 R 软件的支持	网页版
首次使用	易于上手	较难,需 R 语言的基本知识	易于上手
用户界面	完全视窗界面	仅连续数据有图形用户界面	完全视窗界面
连续数据	是	是	是
巢式数据	是	是	否
二分类数据	是	是	是
有序数据	否	是	是
似然法的利用	是	是	是
模型权重	否	是	是
为嵌套模型拟合	是	是	是
图形输出	是	是	是

第 6 章　BMDS 的基本操作

BMDS 的模型研究始于 1995 年。1997 年第一个 BMDS 的原型在 EPA 内部通过审核,在 1998—1999 年经外部和公众评论后,1999—2000 年经过广泛的质量保证测试, 于 2000 年 4 月,BMDS 1.2 版本发布。2007 年 8 月发布了后续版本包括 2.3.1 版,该版本包含一个全新的操作界面和新的二分类数据模型("Dichotomous-Alternative"模型类型),目前已经更新到了 3.0 版本。

BMDS 为用户提供了简单的数据管理工具和易于使用的操作界面,可以针对相同的剂量-反应数据集同时运行多个数学模型。模型运行后的结果包括以下内容:模型公式的重复,用户设定的模型运行参数,最优拟合度的信息,BMD 值,BMDL 值(BMD 的置信区间下限值)等。这些结果以文本及图表的形式显示出来,并且可以打印或保存备份。本章以 BMDS 2.6.0 版本为例,简单介绍 BMDS 的操作过程。

6.1　运行 BMDS

BMDS 的运行需要进行一些初始设置。创建会话及定义参数之后,可先进行保存,稍后再运行。其会话的运行主要包括 5 个基本步骤,每个步骤都有其特点和细微差别。以下部分提供了一个简化的教程并概述了每一个步骤。

6.1.1 创建或打开会话文件

使用"文件"中的下拉菜单命令,或者 BMDS 工具栏创建新的会话框,或者打开已存在的会话。会话窗口中的表格是进行 BMDS 运行的基本形式,用户可以通过该功能进入 BMDS 的其他部分,如 Data Grid(数据网格)和 Model Option Screen(模型选择窗口)。

单击 BMDS 工具栏上"新建会话"(New)按钮,打开一个新的会话网格窗口,或者使用 File→New 菜单选择以下几个选项(图 6.1)。

剂量反应会话(.ssn)　　　　打开一个新的会话网格窗口。

多重肿瘤分析(.tum)　　　　创建一个新的会话,通过多肿瘤模型(Multiple Tumor Analysis)进行分析。用户必须指定数据文件,选择文件名再使用会话功能。

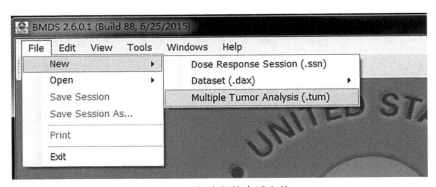

图 6.1　创建新的会话文件

点击工具栏中的会话按钮"Open",或者选择文件,打开剂量反应会话(.ssn)菜单 File→Open→Dose Response Session(.ssn),显示出打开对话框,并选择一个之前已保存的会话文件(∗.ssn)(图 6.2)。用户可以选择文件→打开→浓度×时间分析文件(.ten),或者选择文件→打开→多肿瘤分析(.tum)来打开之前已保存的多阶段模型对多肿瘤的进行分析(Multiple Tumor Analysis)。

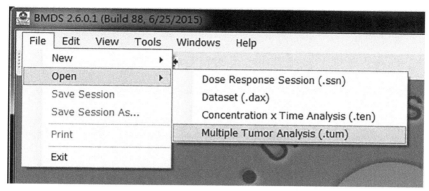

图 6.2　打开一个已保存的会话

6.1.2　选择合适的模型

一个 BMDS 会话通常是使用多个模型对一组数据进行分析,而且 BMDS 能够在同一个会话中同时处理多组数据和多个模型。在这个步骤中,用户可以使用 BMDS 会话网格窗口选择想要运行的模型。

选择模型类型和模型的名称操作如下。

① 在 BMDS 的操作界面上会话打开合并显示会话表,点击"模型类型"列下方的下拉列表选择该行对应的模型类型(图 6.3)。

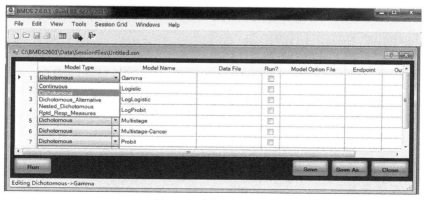

图 6.3　选择模型类型

② 右键点击"模型名称"列,从显示下拉菜单中将出现所选模型类型对应的合理模型菜单。

③ 点击并选择下拉菜单中合适的模型名称(图 6.4)。

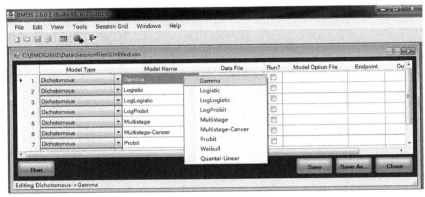

图 6.4   选择模型名称

6.1.3   新建或导入一个数据集

用于 BMDS 分析的数据存储在扩展名为 ∗ . dax 的文件中。用户可以使用会话网格窗口的命令调用数据网格窗口,并且进行数据的输入和编辑。根据需要输入/修改数据后,用户可以保存并关闭数据网格窗口。会话网格中的数据文件(Data File)列所显示的文件名称应当与出现在数据网格窗口的标题栏所显示的文件名称一致。

处理数据文件的操作如下。

如果一个会话或数据集已经加载至会话网格窗口中,在"数据文件"(Data File)列点击右键来显示一个菜单选项(图 6.5)。

可使用的菜单选项有如下几种。

新的数据文件(∗ . dax)   使用数据网格窗口创建一个新的数据文件。

查看数据文件   在一个只读的数据网格窗口中查看当前选中数据文件。

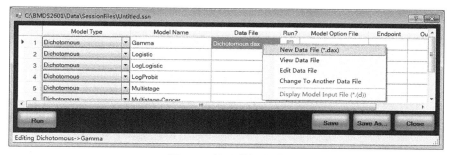

图 6.5　处理数据文件

编辑数据文件	在数据网格窗口中编辑当前选择的数据文件。
转换至另一个数据文件	显示打开对话框,并选择一个不同的数据文件。

使用数据网格窗口的操作如下。

右键"标题列"可显示"列选项"。用户可以重命名每一列或创建一个新的数据列(如现在的数据需要通过数据运算获得一个新的数据列)(图 6.6)。

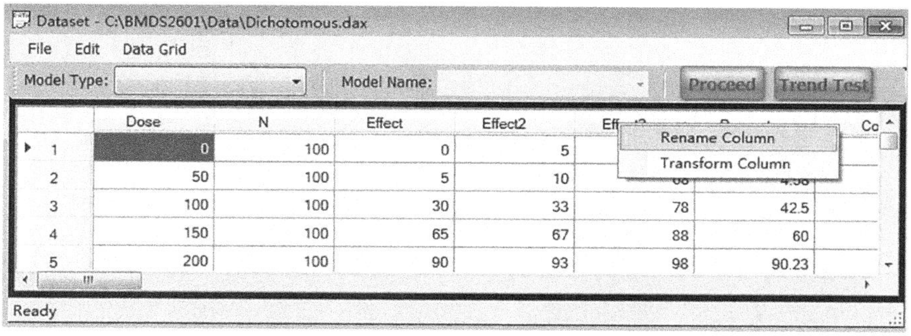

图 6.6　使用数据网格窗口

对于 BMDS 提供的会话模板,其数据网格包括了依据模型类型确定好的列标签(表 6.1)。

表 6.1　BMDS 的模型类型和列标签

模型类型	已经确定的列标签
二分类	剂量,数量,效应
巢式	剂量,反应,总数,胎仔数
连续型	剂量,数量,平均数,标准差
癌症	剂量,数量,效应,效应 2,效应 3,百分比

选择一个模型并添加数据的操作如下。

打开数据网格,用户可以选择所需要的模型类型对应的模型来运行数据集。之后,用户可以选择打开一个已存在的数据集,或者手动输入或导入数据;并且用户可通过使用标准的 Windows 命令"剪切/复制,粘贴",直接从 Excel 表格中将数据复制并粘贴到数据网格中。

6.1.4　指定模型参数

在选择模型(在会话网格中)和创建或导入数据集(在数据网格中)之后,下一个步骤则需要指定与模型相关的各种参数。用户在选择或创建新的选项文件时也需要指定参数。

创建新的模型选项文件的操作如下。

一个模型的所有参数选项均存储在扩展名为 ＊.opt 的文件中。在会话网格中,在该模型选项文件的下方单击右键,界面将出现一个选项菜单,用户可以通过该菜单新建一个选项文件(图 6.7)或选择现有的选项文件。

选择新建选项文件(＊.opt),即 New Option File(＊.opt)的命令选项,屏幕则显示模型选择会话窗口即"模型选项界面",如图 6.8 所示。通过该界面,用户可查看并且编辑参数选项。

参数设置完成后,点击保存或另存为,将完成的工作保存至一个选项文

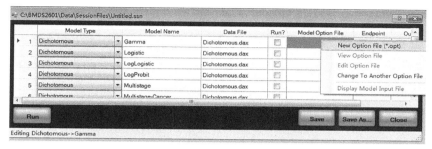

图 6.7　创建新的模型选项文件

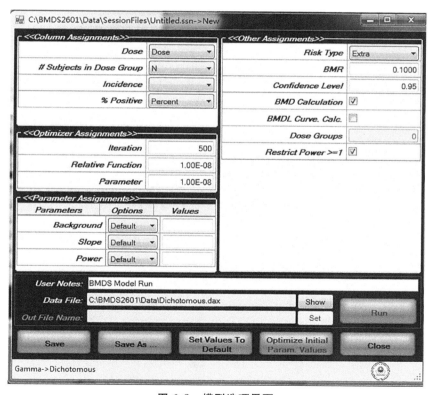

图 6.8　模型选项界面

件中。选项文件保存到指定路径,设置为默认值,并且可以使用窗口下方的按钮进行优化。模型选项屏幕上的状态栏显示的是易受到模型和模型类型影响的参数。在图 6.3 中,所选模型为二分类模型,在图 6.4 中所选的模型类型是 Gamma,将任意格式的文本输入 User Notes 部分以获取有关参数的重要信息。如果需要将被使用的数据文件(其路径)显示在数据文件区域,可以点击数据网格窗口中的"显示"按钮来显示文件的内容。

显示模型输入的文件的操作如下。

当一个选项被创建或添加到会话窗口后,右击该选项文件名并从会话窗口中选择"显示模型导入文件"(Display Model Input File)来查看此模型输入文件。模型输入文件的格式为 ∗.d。

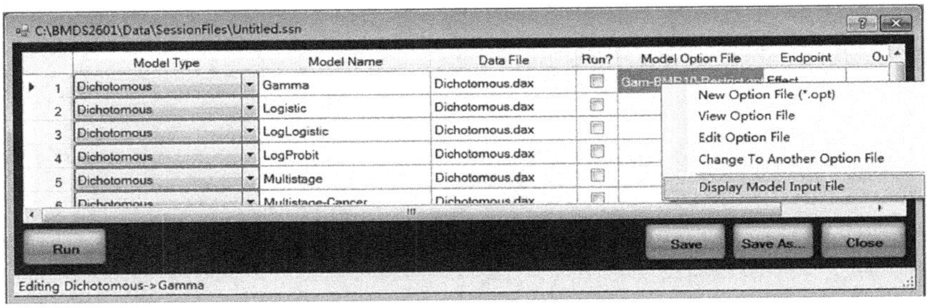

图 6.9 显示模型输入文件

图 6.10 显示的模型输入文件与 BMDS 文本编辑器里显示的一致。在此编辑器里,用户可以对模型输入文件进行编辑、存储及打印。

6.1.5 模型的运行

当用户选定了会话、模型、数据集及模型参数后,BMDS 即可以运行该模型。

指定输出文件名的操作如下。

在每一个模型运行之后,BMDS 对应以下命名惯例将主动生成一个输

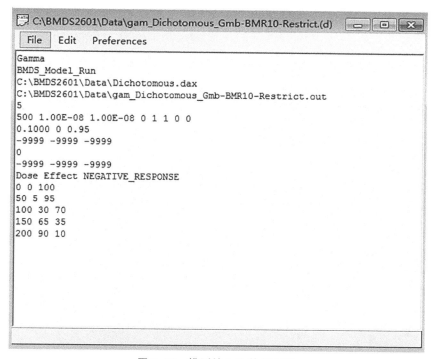

图 6.10　模型输入文件编辑器

出文件名。【模型的 3 个字母简称】-【数据文件名】-【选项文件名】.out。

如果用户想使用一个不同的输出文件名,点击右键的"输出文件"(Out File)列选择一个包含了输出结果的文件名(图 6.11)。

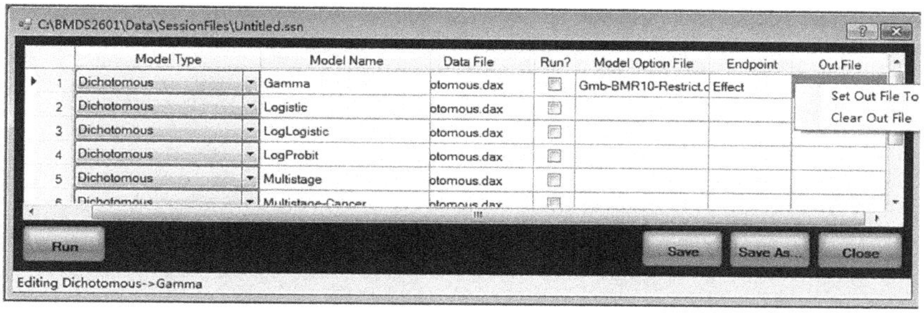

图 6.11　指定输出文件名

选择某个运行模型的操作如下。

通过在"运行"下合适的行打钩选择运行某个模型。右击将会显示一个子菜单,该子菜单可让所有的框同时被选中或不被选中(图6.12)。

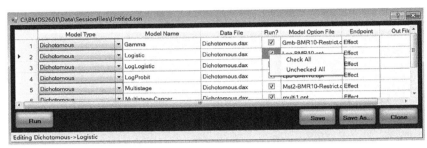

图 6.12   选择某个运行模型

当用户选择会话窗口中要运行的模型后,点击会话窗口左下方的"运行"键。当 BMDS 计算结果时,会话网格状态栏显示"正在运行,请稍后……"。

查看结果的操作如下。

如果工具→选项菜单下的"汇总报告"选项被选择后,结果将会显示在两个新的窗口中:一个文本总结报告及一个图表总结报告。

总结报告窗口以表格的形式显示每个模型所设置的变量。每个字母列对应之前添加到会话窗口的模型(图6.13)。

右击任一字母列,将会显示以下选项菜单。

显示输入结果/图表	显示单独的图表和输出文件数据。
显示数值	右击有单词"Array"的表格来显示数组值。
打开数据文件	显示连接到所显示结果的数据文件。
打开选项文件	显示连接到所显示结果的选项文件。

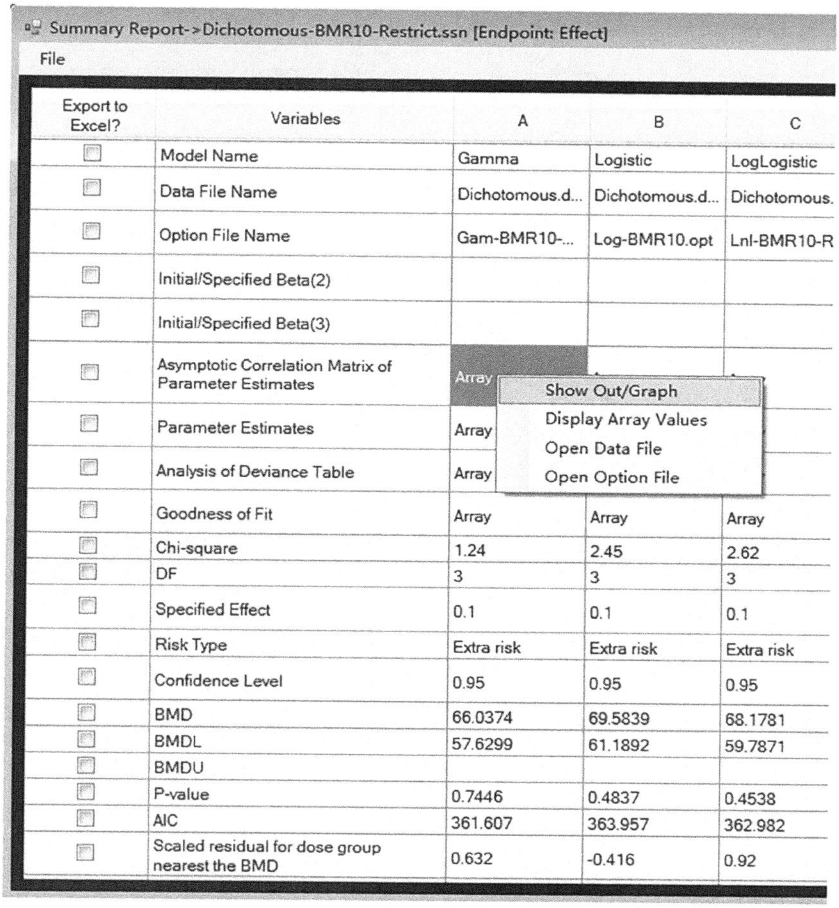

Export to Excel?	Variables	A	B	C
☐	Model Name	Gamma	Logistic	LogLogistic
☐	Data File Name	Dichotomous.d...	Dichotomous.d...	Dichotomous.
☐	Option File Name	Gam-BMR10-...	Log-BMR10.opt	Lnl-BMR10-R
☐	Initial/Specified Beta(2)			
☐	Initial/Specified Beta(3)			
☐	Asymptotic Correlation Matrix of Parameter Estimates	Array		
☐	Parameter Estimates	Array		
☐	Analysis of Deviance Table	Array		
☐	Goodness of Fit	Array	Array	Array
☐	Chi-square	1.24	2.45	2.62
☐	DF	3	3	3
☐	Specified Effect	0.1	0.1	0.1
☐	Risk Type	Extra risk	Extra risk	Extra risk
☐	Confidence Level	0.95	0.95	0.95
☐	BMD	66.0374	69.5839	68.1781
☐	BMDL	57.6299	61.1892	59.7871
☐	BMDU			
☐	P-value	0.7446	0.4837	0.4538
☐	AIC	361.607	363.957	362.982
☐	Scaled residual for dose group nearest the BMD	0.632	-0.416	0.92

图 6.13　总结报告窗口

图 6.14 显示的是一个单独图表及输出文件数据的例子。

通过选择汇总报表中的“显示数据”来显示数组数据(图 6.15)。

总结图表窗口显示所运行的各个模型对应的图表。图表可以单独复制到剪切板及插入其他文件中,如 Microsoft Word 文件。

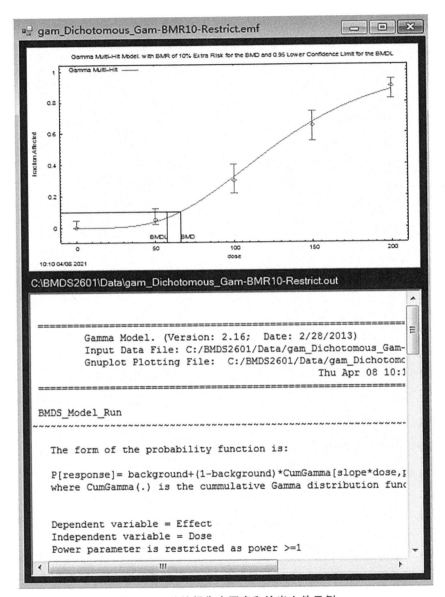

图 6.14　总结报告中图表和输出文件示例

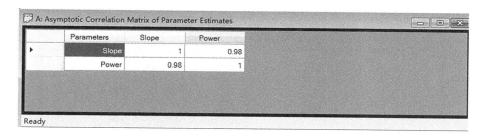

图 6.15　显示数组数据

　　所有模型的结果包括重复用户选择的模型公式和模型运行选项、拟合优度信息、BMD，以及对 BMD 的置信区间下限（BMDL）的估计。模型结果以文本和图形输出文件的形式显示，这些文件可以打印或保存并合并到其他文档中。

6.1.6　BMDS 的结果输出

　　以连续型数据分析的结果为例，其结果输出页面包括的内容有：用户参考说明、检查版本号、日期和运行时间、输入数据集、验证所有正确的设置选项、检查使用的模型和函数模型的具体形式，并获得一些基本数据（剂量水平等）。该输出页面的设计目的是为了提供一个可靠的可以重复的 BMDS 数据基础（如运行更新模型）。在每个模型的文本输出页面上提供"效应函数的形式公式（form of the response function）"，BMDS 会为模型函数估计相应的参数，最终获得基准剂量。不同的数据类型的输出内容略有差异，但其输出格式均如图 6.16 和图 6.17 所示。

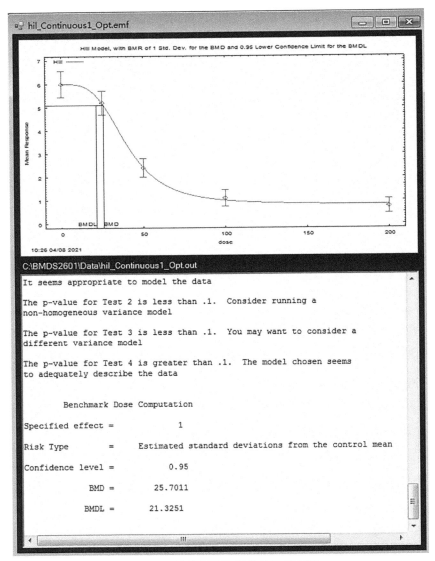

图 6.16　单个模型运行的结果示意图

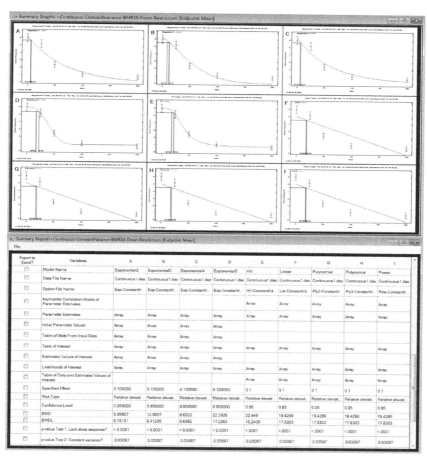

图 6.17　多个模型运行的结果示意图(以连续型数据为例)

6.2　BMDS 的结果研判

　　针对 BMDS 分析结果的原理及判断,本部分仍然以连续型数据为例(如体重或者酶活性的测量值等),一般情况下简单的试验设计中不考虑嵌套或其他副产物,其模型预测反应的平均值 γ(剂量)或者给定的期望剂量。类似的试验设计中连续型终点模型比二分类模型考虑得更具体。而对于二分类模型,我们通常根据对受试个体不良影响的发生率来建模,因此所预期的影响随着剂量的增加而增加;而对于连续型模型,受试个体的测量值的变化并没有考虑"不良影响"的因素,测量值随着剂量的增加可能增大也可能减少。因此,在运行 BMDS 时必须明确研究中何为"不良影响"并设定好。

连续型数据模型与二分类数据模型的重要区别是在于反应概率分布的性质。在二分类模型中,试验设计保障了二项概率分布是合适的。而连续性分布则有更多的选择。目前版本的 BMDS 中,连续正态分布假定为正态分布(指数模型除外),对于这些数据,用户可以假定正态分布或对数正态分布。另外,所有的模型和正态分布数据可以假定一个固定方差(各个剂量组的方差相等),或者一个均值幂函数的方差。

$$\sigma_i^\lambda = \alpha \left[\mu(\mathrm{dose}_i) \right]^\rho$$

这是剂量组的方差模型。$\lambda(\mathrm{dose}_i)$ 表示第 i 剂量组观察到的均值,α 和 ρ 是估计参数。该公式允许几种常见情况。例如,如果 $\rho = 2$,则变量系数恒定,尤其是生化测量中常见的情况;如果 $\rho = 1$,则方差与均值成正比,这适合大量数据(尤其是比例系数 k 是 1)。当假定一个对数正态分布,指数模型假定一个恒定方差,相当于变异系数恒定。

6.2.1 似然函数

假设有 g 个剂量组如 $\mathrm{dose}_1, \cdots, \mathrm{dose}_g$,每组的受试者为 N,y 为第 i 组的第 j 个受试者。对数似然函数的形式取决于方差是否被假定为常数,或各不相同的剂量。对于常数方差,该对数似然函数为:

$$L = -\frac{g}{2}\ln(2\pi) - \sum_{i=1}^{g} \left\{ \frac{N_i}{2}\ln\sigma_i^2 + \frac{(N_i-1)s_i^2}{2\sigma_i^2} + \frac{N_i[y_i - \mu(\mathrm{dose}_i)]^2}{2\sigma_i^2} \right\}$$

其中,

$$s_i^2 = \frac{\sum\limits_{j=1}^{N_i}(y_{ij}-\overline{y}_i)^2}{N_i-1} \text{ 是第 } i \text{ 组的样本方差,}$$

$$\overline{y}_i = \frac{\sum\limits_{j=1}^{N_i}y_{ij}}{N_i} \text{ 是第 } i \text{ 组的样本均值,} g \text{ 是剂量数,} N \text{ 是第 } i \text{ 组中的受试者}$$

的数量,s^2 是所有剂量组的相同的方差。通常,估计 s^2 和隐藏在 λ 中的参数。

如果方差是均值的幂函数,该对数似然函数为:

$$L = -\sum_{i=1}^{g}\left[\frac{N_i}{2}\ln\alpha + \frac{N_i\rho}{2}\ln[\mu(\mathbf{x}_i)] + H_i\right]$$

其中,

$$H_i = \frac{A_i}{2\alpha[\mu(\text{dose}_i)]^\rho} - \frac{B_i}{\alpha[\mu(\text{dose}_i)]^{\rho-1}} + \frac{N_i}{2\alpha[\mu(\text{dose}_i)]^{\rho-2}}$$

并且,

$$A_i = (N_i-1)s_i^2 + N_i\overline{y}_i^2$$

$$B_i = N_i\overline{y}_i$$

在 Hill 和幂模型中幂参数的上限设为18。选择该值是因为它代表了一个非常高的曲率,满足几乎每一个数据集,即使是那些在低剂量出现非常(或绝对)平缓的剂量反应,紧随其后的是一个在较高剂量非常陡峭的剂量反应。如果,Hill 和幂模型的幂参数等于 18 并且出现"触及上限"的警告出现,只有在一个幂函数被分配值并且另一个幂函数在最大似然条件下被分配值的限定下,该参数估计才是最大似然参数估计。这种模型的结果与 AIC 中其他的结果没有严格的可比性。这种情况下,BMD 和 BMDL 可能取决于幂参数的选择。因此,如果打算依靠报告中的 BMD 或 BMDL 的数据,就能做出灵敏度分析。

6.2.2　BMD 计算

连续型数据模型中，基准剂量通常是在平均反应中导致预先设定的变化的剂量。该变化可以表现在以下几个方面。

① 平均值的一个绝对变化（Abs. Dev. ）。

② 相当于对照标准差的指定数的平均值一个改变（Std. Dev）。

③ 对照组平均值的指定分数（Rel. Dev）。

④ 对于 BMD 平均的设定值（即不发生变化的，一个固定值）（点）。

⑤ 相当于所述反应范围的指定分数的一个改变，仅仅当剂量-反应曲线在高（超）剂量渐进线是合适的（仅 Hill 和一些指数模型）。

$$|\mu(\text{BMD})-\mu(0)|=\begin{cases}\delta & \text{Abs. Dev.}\\ \delta \cdot \hat{\sigma}_1 & \text{Std. Dev.}\\ \delta \cdot \mu(0) & \text{Rel. Dev.}\end{cases}$$

$$\mu(\text{BMD})=\delta \ \text{Point}$$

$$\frac{\mu(\text{BMD})-\mu(0)}{\mu_{\max}-\mu(0)}=\delta \ \text{Extra}$$

6.2.3　BMDL 的计算

按照目前的 BMD 方法，BMDS 目前只计算单侧置信区间。BMD（这里指 BMDL）置信区间的一般计算方法与 BMDS 中的所有模型相似，并基于似然比（Crump and Howe，1985）的渐进分布。以下是这些模型中的两种不同的方法。

一种方法是该方程依据基准剂量和剂量-反应模型来定义基准剂量，从而解决了模型参数之一；该方程的结果代回模型方程中，再重新参数化模型之后，使 BMD 明确地显示为一个参数。当其余参数最大似然化之后，所获得的对数似然值小于 $\chi^2_{1,1-2\alpha}/2$ 得出的最大似然值时，则获得了最终的 BMD。

而在多项式指数模型中,重新参数化模型之后再让 BMD 作为一个参数出现,是不切实际或者不可能的。对于此类模型,BMR 方程式通常作为一个非线性约束,只有当对数似然值等于或者小于最大似然估计值时 BMD 的最小值才能够确定为 $\chi^2_{1,1-2\alpha}/2$。

6.2.4　对数正态分布

在 BMDS 的早期版本中,连续型数据总是被假定为正态分布。目前 BMD 的版本中,仅针对指数模型,用户可以假定要分析的连续型数据符合对数正态分布。对数正态分布仅对严格正态分布数据适合并且对于这样的数据可优先选择(在理论上,正态分布对正数和负数都允许,而不考虑均值和标准差)。当指定一个对数正态分布,则该模型假定一个常数 log-scale 方差,这相当于变异的恒定系数(CV)的假设。

上述似然函数是数据经过对数转化校正之后且根据适用于模型问题的对数转化版本。也就是说,如果 μL(剂量)是对数标度并作为一个剂量函数,那么该模型拟合 μL(剂量)$= \ln[m$(剂量)$]$,这里的 m(剂量)指特定的模型(如在指数模型部分所示的指数模型参数之一)。因此,m(剂量)随后将在作为剂量的函数的中值响应中进行变化说明,因为对数标度的反对数的平均值是中值。

当输入数据使用的是样本均值和样本标准差(或标准误差或方差)时,数据的精确似然值不能确定数据是否符合对数正态分布。在这种情况下,BMDS 给出一个近似最大似然估计的解决方案,即通过估计每个剂量组的样本均值的对数标度和样本标准差的对数标度来解决,如下所示。

估计样本标准差的对数标度:$\mathrm{sqrt}[\ln(1+s^2/m^2)]$

估计样本均值的对数标度:$\ln(m)-sL^2/2$

其中,m 和 s 是所报告的样本均值和样本标准差。当个别响应可用时,用户可以输入这些值(其中输入 dax 文件将有两列报告的剂量和每个试验单位的响应),并且可能要求准确的最大似然函数解决而获得(其中所述软件个体反应剂量被第一次对数转化),或使用上述的估计近似解决得到(其中软件首先计算样本均值和样本标准差)。如果有的数据集有个体反应,有的则没有,该选项允许用户比较估计和判断近似的影响,或提供的一致性数据集。

BMDS 可以提供给用户三四种不同的拟合检验方法,拟合检验可以使用户确定与数据拟合最佳的适当模型。该拟合检验是基于似然比的渐进理论。通俗地说,似然比仅仅是两个似然值的比值,其中大部分会在 BMDS 输出页面中显示。统计理论证明,随着样本量的增大以及剂量组数量的增多,$-2 * \log$(似然比)会趋向于卡方随机变量。这些值可以依次被用于获得近似概率,从而为模型的拟合做出决定。而每四五个模型就有一个似然值。BMDS 通过这些值获得两个模型之间比率,从而形成一个有意义的测试。

假设用户希望对两个模型 A 和 B 进行拟合检验,其中有一个模型假设为"真"的模式即模型 B,或者简单地说可以简化的模型可以像 B 模型一样对数据进行描述。另外,假定 A 是一个更简单的模型且具有很少的参数值(目标是简化模型尽可能不丢失相关的数据信息)。假设每个模型都有一个最大似然值,称之为 $L(A)$ 和 $L(B)$。比率用公式表示为:$L(A)/L(B)$。

注意:参数个数越多的模型通常是该比率公式中的分母。

现在,使用该理论即:$-2 * \log[L(A)/L(B)]$ 于卡方随机变量。不同的对数值可以通过简化等于对数的比,或简单地说,$-2 * \log[L(A)/L(B)] = -2 * \{\log[L(A)] - \log[L(B)]\} = 2 * \log[L(B)] - 2 * \log[L(A)]$。由 BMDS 给出的似然值实际上是对数似然值,所以这变成了一个减法问题。这个值可以依次与一个指定自由度(的数值)的卡方随机变量进行比较。

正如前面提到的似然性有助于筛查,每一个对数似然值与自由度的大小相关联。卡方检验统计量自由度的数量仅仅是两个模型自由度之间的差异。在上面的例子中,假设 $L(A)$ 有 5 个自由度,并且 $L(B)$ 有 8 个自由度。在这种情况下,用户将会用这个卡方值与一个自由度为 $8-5=3$ 的卡方值进行比较。在 A vs. B 的例子,究竟是什么被测试? 根据假设,这就是:

H0:A 模型拟合数据与 B 模型一样

H1:B 模型拟合数据优于 A 模型

遵循这些检验考虑,假设 $2*\log[L(B)]-2*\log[L(A)]=4.89$ 基于 3 个自由度。此外,假设拒绝标准是小于 0.05 的卡方概率。查看卡方表,4.89 在 0.10 和 0.25 之间的某处有一个 P 值。在这种情况下,不拒绝 H0,它似乎是模型 A 适合模型中的数据。

BMDS 对于所有假设检验拒绝的标准是小于 0.05 卡方的概率,同时也提供 P 值以便与用户能够更加灵活地使用相关的拒绝标准。每个模型均需通过 4 个检验测试(test 1～4)才能确定是否为最佳拟合模型。

检验 1(A2 vs. R):剂量-反应关系检验

检验假设:效应和变异(方差)在各个剂量水平中无差异。如果接受这个假设检验,则可能不存在剂量-反应关系。

这个检验比较了模型 R 和模型 A2。如果接受此检验,则可能不存在剂量-反应关系;如果拒绝此检验,那么对建模是合适的,用户则应继续进行下面的检验。该测试的默认值(P 值)是 0.05;若 P 值小于 0.05,则提示"数据集存在剂量-反应关系",对数据进行拟合建模是合适的;若 P 值大于 0.05,则提示数据不存在剂量-反应关系,且不适合进行拟合建模。

检验 2(A1 vs. A2):方差齐性检验

检验假设:方差是齐性的。如果接受此检验假设,更简单的常数方差模型可能是适当的。

该检验的目标是简化模型。如果接受这一假设检验,它可能是适合简单的常数方差模型。如果拒绝此假设检验,用户可能需要运行一个非恒定的方差模型,或如果已运行非恒定方差模型,则用户应该继续根据下方的检验 3,再进一步做出决定。该测试的默认值(P 值)是 0.1;若测试的 P 值小于 0.1,则提示用户"可能需要运行非齐性方差模型"。若测试的 P 值大于 0.1,则认为方差齐性的假设是成立的。

检验 3(非恒定方差模型)(A3 vs. A2):方差模型检验

检验假设:方差能够用于建模;如果接受假设检验,这说明方差建模应该更适合使用和推导。

该检验是为了查看用户指定的方差模型是否合适。如果用户指定的方差模型是"恒定方差",那么 A1 和 A3 模型是相同的;且检验 3 等同于检验 2。如果用户指定的方差模型是"非恒定方差"[Sigma(i)^2 = alpha * Mu(i)^rho],那么测试将确定该特定方程是否足以描述各剂量组之间的差异。该测试的默认值(P 值)是 0.1;若测试的 P 值小于 0.1,则提示用户"可能需要尝试不同的方差模型"。若测试的 P 值大于 0.1,则认为所建模的方差适合于剂量-反应模型。

检验 4(拟合模型 vs. A3):模型拟合检验

测试模型的零假设意味着模型均数适合数据。如果这个测试不能拒绝零假设,用户支持选择的模型。

该检验的目的是将拟合模型与模型 A3 进行比较。如果该检验未能拒绝零假设,则认为拟合模型足以描述均值中与剂量相关的变化趋势。该测试的默认值(P 值)是 0.1;;若测试的 P 值小于 0.1,则提示用户"可能需要尝试不同的模型"。若测试的 P 值大于 0.1,则认为该拟合模型对于剂量-反应模型是适合的。

除了上述的检验测试(test 1~4)结果和 AIC 值,BMDS 的结果中还给出了全局测量拟合优度(global measurement goodness-of-fit),局部测量缩放残差值(local measurement scaled residual)及模型拟合的图形检验(visual inspeciton of model fitting),最终根据上述结果,选择最佳的拟合模型,并获得其 BMDL 值(BMDL 值的确定参见 4.2.3)。

6.3　BMDS 的结果报告

在 BMD 分析报告中,应当对所使用的 BMR 和软件进行说明,并给出建模所选择的效果以及由不同的可接受配合所估计的 BMD、BMDL 和 BMDU 的范围。当使用模型平均或贝叶斯方法时,还应当报告单个模型的权重和贝叶斯因子。按照 EHC240 的指导原则,完整的 BMD 数据报告应当包括下列内容。

(1)用于 BMDS 分析的数据汇总表及考虑的关键效应。对于分类数据,每一剂量水平应列出每组反应动物的数量和动物总数;对于连续型数据,每个剂量水平都应给出平均反应值、相关的 SD 或标准误差和样本量。

(2)BMR 的选择以及选择的基本原理。

(3)所使用的分析软件,包括版本号。

(4)模型拟合过程中的所有假设。如果假设与上述偏差,应该提供偏差的基本原理,以及使用建议的默认值的结果。

(5)用一个表列出模型平均中使用的模型,包括模型的权重和各个 BMD、BMDL 和 BMDU。数值应该用 2 个有效数字来报告。如果未使用模型平均法,则表中应列出所有使用的单个模型;对于 Bayesian 分析,表中应列出 Bayes 因子、频率分析、P 值和 AIC。如有需要,应提供补充资料(如软件输出的信息)。

(6)拟合平均模型的图。如果未使用模型平均,则应列出拟合关键效应数据的所有模型的曲线图。在对于巢式数据模型家族,则应列出所选择模型的每个家族曲线图。

(7)结论:所选的 BMDL(或 BMD)可作为 POD 使用。

第7章　BMDS 在风险评估中的应用

为了帮助大家更好地了解和使用基准剂量法,我们结合实际工作在此提供了几个应用案例供大家参考。

7.1　案例一:硒蛋氨酸的毒理学安全性评价

7.1.1　来源文献及简介

文献题目: Safety evaluation of Se-methylselenocysteine as nutritional selenium supplement: acute toxicity, genotoxicity and subchronic toxicity.

收录期刊: *Regul Toxicol Pharmacol*, 2014, 70(3): 720-727.

文献摘要: 硒是人体必需微量元素,但在摄入剂量过高时表现出显著的毒性效应,因此有必要对含硒化合物用作营养补充剂的健康风险进行评估。研究报道,硒甲基半胱氨酸(Se-methylselenocysteine, SeMC)具有更显著的生物活性,但毒理效应尚未得到充分表征。此研究的目的是对 SeMC 经口摄入的毒理学安全性进行评价,并提供每日允许摄入量(ADI)。研究结果显示,雌、雄小鼠经口摄入 SeMC 的半数致死剂量(LD_{50})分别为 12.6 mg/kg 体重和 9.26 mg/kg 体重。Ames 试验、微核试验和小鼠精子畸形试验结果表明 SeMC 无遗传毒性。重复剂量试验(90 d)研究表明,在 0.5、0.7、0.9 mg/(kg 体重·d)剂量范围内大鼠经口摄入 SeMC 的全身毒性较小,但

0.7 mg/（kg 体重·d）和 0.9 mg/（kg 体重·d）组大鼠肝脏重量显著增加，其他脏器未见明显改变。基于数据综合分析，以肝脏相对质量增加作为 BMR，通过 BMD 法构建模型。最终，获得基准剂量 95% 置信区间下限（BMDL）为 0.34 mg/（kg 体重·d）。以安全系数 100 进行外推，得出人体每日允许摄入量（ADI）为 3.4 μg/kg 体重。

7.1.2　试验数据与毒性终点选择

该研究未发现 SeMC 具有遗传毒性；雌、雄小鼠经口摄入 SeMC 的半数致死剂量（LD_{50}）分别为 12.6 mg/kg 体重和 9.26 mg/kg 体重。大鼠经口 90 d 染毒试验显示高剂量组动物肝脏质量增加，肝脏为 SeMC 的毒性效应靶器官（表 7.1）。因此，该研究将推算健康指导值的毒性终点设定为"肝脏相对质量的增加"。

7.1.3　BMDL 的获取及应用

基于 90 d 试验中"肝脏相对质量"数据，利用 BMDS v2.4.0 进行分析并计算 BMD 及 BMDL。

1. 参数设置

（1）数据类型：肝脏相对质量为连续型数据。

（2）BMR：一个标准差（1.0SD）。

（3）剂量-反应模型：Exponential，Power，Polynomial，Linear，Hill。

（4）限制性参数：Exponential，Linear，Power 及 Hill 模型中，"不良效应方向（adverse direction）"设置为"增加（up）"；Polynomial 模型中系数（coefficients）为"非负数（＞0）"。

2. 分析结果

根据拟合优度检验，Exponential 5 指数模型和 Hill 模型是可以接受的，相应计算过程可参见 Yang and Jia（2014）中的补充材料。然后，依据 AIC 值对两种模型进行比较，最终确定 Hill 模型用于 BMDL 计算（图 7.1）。最终，

表 7.1　SeMC 大鼠经口 90 d 染毒试验动物脏器系数的改变

动物性别	剂量/(mg/kg体重)	样本数	体重/g	肝 质量/g	肝 脏器系数/%	肾 质量/g	肾 脏器系数/%	脾 质量/g	脾 脏器系数/%
雌性	0.0	10	274.7 ±22.3	7.26 ±0.78	2.64 ±0.20	2.08 ±0.24	0.76 ±0.07	0.60 ±0.07	0.22 ±0.02
	0.5	10	259.6 ±28.4	7.33 ±0.86	2.84 ±0.38	2.12 ±0.27	0.83 ±0.15	0.57 ±0.09	0.22 ±0.04
	0.7	10	257.6 ±24.2	9.16 ±0.97*	3.56 ±0.25*	2.12 ±0.25	0.82 ±0.08	0.61 ±0.12	0.23 ±0.03
	0.9	10	267.4 ±29.9	9.70 ±1.46*	3.63 ±0.38*	2.16 ±0.15	0.82 ±0.08	0.59 ±0.21	0.22 ±0.07
雄性	0.0	10	469.2 ±44.3	12.47 ±1.18	2.66 ±0.13	3.42 ±0.36	0.73 ±0.07	0.85 ±0.09	0.18 ±0.02
	0.5	10	452.5 ±37.9	12.65 ±1.43	2.80 ±0.19	3.33 ±0.32	0.74 ±0.10	0.85 ±0.16	0.19 ±0.04
	0.7	10	448.2 ±47.3	13.45 ±1.93	2.99 ±0.17*	3.30 ±0.32	0.74 ±0.05	0.86 ±0.17	0.19 ±0.03
	0.9	10	448.7 ±42.9	13.99 ±1.88	3.12 ±0.24*	3.26 ±0.49	0.73 ±0.09	0.78 ±0.16	0.17 ±0.03

动物性别	剂量/(mg/kg体重)	样本数	体重/g	胸腺 质量/g	胸腺 脏器系数/%	心脏 质量/g	心脏 脏器系数/%	睾丸 质量/g	睾丸 脏器系数/%
雌性	0.0	10	274.7 ±22.3	0.43 ±0.10	0.16 ±0.04	1.09 ±0.08	0.40 ±0.03	—	—
	0.5	10	259.6 ±28.4	0.36 ±0.10	0.14 ±0.04	1.00 ±0.12	0.39 ±0.06	—	—
	0.7	10	257.6 ±24.2	0.41 ±0.09	0.16 ±0.02	1.07 ±0.07	0.42 ±0.04	—	—
	0.9	10	267.4 ±29.9	0.35 ±0.08	0.13 ±0.03	1.09 ±0.15	0.41 ±0.05	—	—
雄性	0.0	10	469.2 ±44.3	0.57 ±0.09	0.12 ±0.02	1.67 ±0.19	0.36 ±0.03	3.65 ±0.27	0.78 ±0.07
	0.5	10	452.5 ±37.9	0.53 ±0.11	0.12 ±0.03	1.58 ±0.14	0.35 ±0.03	3.96 ±0.88	0.88 ±0.17
	0.7	10	448.2 ±47.3	0.49 ±0.10	0.11 ±0.02	1.53 ±0.14	0.34 ±0.03	3.52 ±0.39	0.79 ±0.11
	0.9	10	448.7 ±42.9	0.50 ±0.10	0.10 ±0.04	1.54 ±0.18	0.34 ±0.04	3.52 ±0.39	0.79 ±0.06

注：数据为各组样本的均数±标准差，分析方法为 ANONA，组间比较采用 Dunnett's 检验；*$P<0.05$，与对照组相比具有显著性差异。引自 Yang and Jia(2014)。

基于"肝脏相对质量改变"这一 BMR,雌性动物 BMDL 为 0.47 mg/kg 体重,雄性动物 BMDL 为 0.34 mg/kg 体重(表 7.2)。因此,可保守采用 BMDL＝0.34 mg/kg 体重以获得对整体种群的健康保护。以安全系数 100 进行外推,可得出人体每日允许摄入量为 3.4 μg/kg 体重。

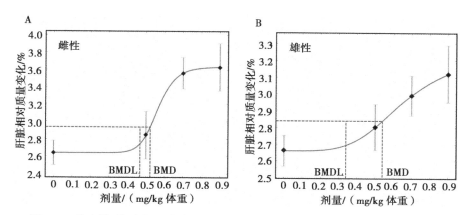

图 7.1 基于雌、雄动物肝脏脏器系数改变的 Hill 模型拟合(Yang and Jia,2014)

表 7.2 基于雌、雄动物肝脏脏器系数改变的模型拟合及 BMDLs 计算结果

模型名称	雌性			雄性		
	P for Fit[*]	BMD	BMDL	P for Fit[*]	BMD	BMDL
Exponential 2	0.003	0.32	0.26	0.305	0.37	0.28
Exponential 3	0.002	0.44	0.28	0.464	0.52	0.32
Exponential 4	0.000	0.30	0.23	0.096	0.36	0.27
Exponential 5	NA[#]	0.51	0.45	NA[#]	0.52	0.32
Hill	NA[#]	0.52	0.47	NA[#]	0.54	0.34
Linear	0.002	0.30	0.23	0.251	0.36	0.27
Polynomial	0.002	0.46	0.28	0.462	0.52	0.32
Power	0.002	0.46	0.28	0.480	0.52	0.32

注:[*] $P>0.1$ 根据美国 EPA BMDS 软件,模型能够充分描述数据。

[#] 不适用:测试的自由度小于或等于 0,模型拟合检验无效。

引自 Yang and Jia(2014)。

7.2　案例二：丙烯酰胺的食品安全风险评估

7.2.1　来源文献及简介

文献题目：Scientific opinion on acrylamide in food.

收录期刊：*EFSA Journal*，2015；13（6）：4104.

文献摘要：欧洲食品安全局（EFSA）就食品中的丙烯酰胺（AA）发表科学意见。AA 是一种广泛使用的工业化学品。当某些食物在 120℃ 以上和低水分条件下制备时，特别是在含有天冬酰胺和还原糖的食物中就会形成丙烯酰胺。EFSA 污染物工作组评估了来自食品的 43 419 项分析结果，发现咖啡和炸马铃薯制品中 AA 含量最高。调查数据显示，膳食 AA 暴露量的平均值和第 95 百分位分别为 0.4～1.9 $\mu g/kg$ 体重和 0.6～3.4 $\mu g/kg$ 体重。总膳食接触量的主要贡献来源是炸马铃薯类产品（除薯片和零食外），家庭烹饪偏好对饮食中 AA 暴露有重大影响。在经口摄入后，AA 从胃肠道被吸收并分布到所有器官。AA 主要通过与谷胱甘肽结合被代谢，但也可通过环氧化作用形成环氧丙酰胺（GA）。GA 的形成被认为是 AA 诱发遗传毒性和致癌性的潜在作用途径。动物试验研究显示神经毒性、对雄性生殖的不利影响、发育毒性和致癌性可能是 AA 的关键毒性终点。人体研究数据不足以进行剂量-反应评估。EFSA 污染物工作组选择大鼠周围神经病变的 $BMDL_{10}$ 值为 0.43 mg/kg 体重，小鼠肿瘤效应的 $BMDL_{10}$ 值为 0.17 mg/kg 体重。专家组提出结论，目前 AA 的膳食暴露水平不足以引起非致癌效应的健康关注。然而，尽管 AA 的致癌性尚未得到流行病学关联证实，但动物试验研究显示其致癌效应值得关注。

7.2.2　试验数据与毒性终点选择

丙烯酰胺的经口重复剂量毒性已在多种动物模型中进行了研究，包括大鼠、小鼠、猫、犬、仓鼠和猴,以及不同的暴露剂量和暴露时间。在全部的研究报告中,均可发现的不良效应包括体重减轻和以后肢瘫痪为主要症状的神经毒性,神经毒性效应还得到行为学试验或组织病理学分析的支持。其中,丙烯酰胺在大鼠中所诱发的坐骨神经退化最为明显。此外,研究数据表明丙烯酰胺还能影响雄性动物生殖能力,导致发育毒性及诱发肿瘤。综合上述研究资料,工作组将以下 4 个毒性终点列为丙烯酰胺的关键毒性效应:神经毒性、雄性生殖毒性、发育毒性、致癌性。

经过对比筛选,工作组将美国毒理学计划(NTP,2012)的大鼠经口 2 年慢性毒性试验研究作为推导非致癌效应健康指导值的主要参考数据(表7.3)。并将由此获得的 BMDL 与其他毒理学研究所获得的 NOAEL 进行对比,以确保对非致癌毒性参考点的保守估算。

表 7.3　丙烯酰胺诱发 F344 大鼠外周神经病变的发生率数据

测试终点	性别	剂量/ (mg/kg 体重・d)	发生率	参考文献
F344/N 大鼠周围神经(坐骨神经)轴突变性	雄性	0	5/48(10%)*	NTP (2012)[a]
		0.33	7/48(15%)	
		0.66	7/48(15%)	
		1.32	11/48(23%)	
		2.71	23/48(48%)**	
F344/N 大鼠周围神经(坐骨神经)轴突变性	雌性	0	4/48(8%)*	NTP (2012)[a]
		0.44	3/48(6%)	
		0.88	1/48(2%)	
		1.84	4/48(8%)	
		4.02	19/48(40%)**	

注:[a] 饮用水中的浓度对应于整个 2 年研究的每日消耗剂量,分别为 0、0.087 5、0.175、0.35 和 0.70 mmol/L。

* 剂量相关趋势具有显著性($P < 0.001$)。

**:与对照组相比具有显著差异($P < 0.001$)。

引自 EFSA CONTAM Panel(2015)。

　　关于致癌效应,工作组对丙烯酰胺诱发不同种类肿瘤的致癌性数据进行了分析并将由其得出的 POD 进行对比,最终确定以丙烯酰胺诱发雌性 B6C3F$_1$ 小鼠哈氏腺瘤的发生率作为毒性参考点的估算依据(表 7.4)。

表 7.4　丙烯酰胺诱发 B6C3F$_1$ 小鼠肿瘤的发生率数据

肿瘤名称	性别	剂量/ [mg/(kg 体重·d)]	发生率
哈氏腺瘤	雌性	0	0/45(0%)
		1.10	**8/44(18%)**
		2.23	**20/48(42%)**
		4.65	**32/47(68%)**
		9.96	**31/43(72%)**
乳腺棘皮癌和腺瘤	雌性	0	0/47(0%)
		1.10	4/46(9%)
		2.23	**7/48(15%)**
		4.65	4/45(9%)
		9.96	**17/42(41%)**
肺泡及支气管腺瘤	雌性	0	1/47(2%)
		1.10	4/47(9%)
		2.23	6/48(13%)
		4.65	**11/45(24%)**
		9.96	**19/45(42%)**
卵巢颗粒细胞肿瘤(良性)	雌性	0	0/46(0%)
		1.10	1/45(2%)
		2.23	0/48(0%)
		4.65	1/45(2%)
		9.96	**5/42(12%)**

续表 7.4

肿瘤名称	性别	剂量/ [mg/(kg 体重·d)]	发生率
皮肤,各种肉瘤	雌性	0	0/48(0%)
		1.10	0/46(0%)
		2.23	3/48(6%)
		4.65	**10/45(22%)**
		9.96	**6/43(14%)**
胃,前胃鳞状上皮细胞乳头状瘤	雌性	0	4/46(9%)
		1.10	0/46(0%)
		2.23	2/48(4%)
		4.65	**5/45(11%)**
		9.96	**8/42(19%)**
哈氏腺瘤	雄性	0	2/46(4%)
		1.04	**13/46(28%)**
		2.20	**27/47(57%)**
		4.11	**37/47(77%)**
		8.93	**39/47(83%)**
肺泡及支气管肿瘤	雄性	0	6/47(13%)
		1.04	6/46(13%)
		2.20	**14/47(30%)**
		4.11	10/45(22%)
		8.93	**20/48(42%)**
胃鳞状上皮细胞乳头状瘤及癌	雄性	0	0/46(0%)
		1.04	2/45(4%)
		2.20	2/46(4%)
		4.11	**7/47(15%)**
		8.93	**8/44(18%)**

注:显著性差异以加粗显示。

引自 EFSA CONTAM Panel(2015)。

上述分析和筛选依据可参考 EFSA 报告原文,本书重点介绍其 BMDL 的获取过程。

7.2.3 BMD 及 BMDL 的获取

基于上述研究数据,利用 BMDS v2.4.0 进行分析并计算 BMD 及 BMDL。

1. 参数设置

(1)数据类型:毒性终点发生率为二分类数据(quantal data)。

(2)BMR:10%额外风险(extra risk)。

(3)剂量-反应模型:Probit,LogProbit,Logistic,LogLogistic,Quantal-Linear,Multistage Cancer,Multistage,Weibull,Gamma。

(4)限制性参数:默认设置。

2. 分析结果

当对数似然值及拟合优度检验 $P>0.05$ 时,表明该模型及其 BMDL 可接受。针对某一毒性终点,在所有可接受模型中选择最低值的 BMDL 作为该数据组的 BMDL。EFSA 指出,通过不同模型所获得 BMDL 值之间的差距不应超过一个数量级,否则其提供的信息不足以确定毒性参考点(reference point,RP)。当差距超过这个值时,应该考虑以个案为基础采用增加 BMR、重新评估模型集或模型平均化等方式进行调整。

工作组针对食品中丙烯酰胺的 BMD 分析发现:基于雌性 B6C3F$_1$ 小鼠的哈氏腺腺瘤发生率(表 7.5)、雄性 B6C3F$_1$ 小鼠的哈氏腺腺瘤和腺癌发生率(表 7.6)和雌性大鼠乳腺纤维腺瘤发生率(表 7.7)的 BMD 模型中 BMD/BMDL 值较大,或者某一特定模型得到的 BMDL$_{10}$ 值与其他模型得到的 BMDL$_{10}$ 值之间具有较大差距。这表明所应用的一组模型没有产生适当的毒性参考点,因此没有进一步考虑采用。相反,使用限制模式对模型重新评估得到的结果使其差距显著缩小,从而用于后续参考点的选择(表 7.8~表 7.10)。

表 7.5　雌性 B6C3F$_1$ 小鼠哈氏腺瘤发生率的 BMDLs

模型名称	参数限制	参数数量	负对数似然值	P 值	是否接受	BMD$_{10}$/[mg/(kg体重·d)]	BMDL$_{10}$/[mg/(kg体重·d)]
Full model	不适用	5	108.36	—	—	—	—
Null (reduced) model	不适用	1	152.85	—	—	—	—
Probit	不适用	2	124.13	<0.01	否	—	—
LogProbit	无	2	109.78	0.42	是	0.52	0.23
Logistic	不适用	2	124.25	<0.01	否	—	—
LogLogistic	无	2	109.74	0.43	是	0.42	0.20
Quantal-Linear	不适用	1	112.07	0.12	是	0.57	0.47
Multistage Cancer	不适用	1	112.07	0.12	是	0.57	0.47
Multistage	无	2	109.30	0.60	是	0.39	0.30
Weibull	无	2	110.57	0.22	是	0.29	0.088
Gamma	无	2	110.78	0.18	是	0.26	0.054

引自 EFSA CONTAM Panel(2015)。

表 7.6　雄性 B6C3F$_1$ 小鼠的哈氏腺瘤和腺癌发生率的 BMDLs

模型名称	参数限制	参数数量	负对数似然值	P 值	是否接受	BMD$_{10}$/[mg/(kg体重·d)]	BMDL$_{10}$/[mg/(kg体重·d)]
Full model	不适用	5	113.44	—	—	—	—
Null (reduced) model	不适用	1	161.48	—	—	—	—
Probit	不适用	2	127.93	<0.01	否	—	—
LogProbit	无	3	114.84	0.25	是	0.39	0.16
Logistic	不适用	2	127.00	<0.01	否	—	—
LogLogistic	无	3	114.64	0.30	是	0.37	0.15
Quantal-Linear	不适用	2	117.24	0.055	是	0.38	0.31
Multistage Cancer	不适用	2	117.24	0.055	是	0.38	0.31
Multistage	无	3	114.39	0.39	是	0.26	0.20
Weibull	无	3	115.72	0.10	是	0.17	0.05
Gamma	无	3	115.98	0.08	是	0.14	0.02

引自 EFSA CONTAM Panel(2015)。

表 7.7 雌性大鼠乳腺纤维腺瘤发生率的 BMDLs

模型名称	参数限制	参数数量	负对数似然值	P 值	是否接受	$BMD_{10}/$ [mg/(kg 体重·d)]	$BMDL_{10}/$ [mg/(kg 体重·d)]
Full model	不适用	5	157.83	—	—	—	—
Null (reduced) model	不适用	1	163.80	—	—	—	—
Probit	不适用	2	158.89	0.55	是	0.91	0.65
LogProbit	无	3	158.72	0.41	是	0.43	0.008
Logistic	不适用	2	158.90	0.55	是	0.91	0.65
LogLogistic	无	3	158.72	0.41	是	0.41	0.006
Quantal-Linear	不适用	2	158.80	0.59	是	0.71	0.44
Multistage Cancer	不适用	2	158.80	0.59	是	0.71	0.44
Multistage	无	3	158.76	0.39	是	0.58	0.24
Weibull	无	3	158.69	0.42	是	0.40	0.004
Gamma	无	3	158.69	0.42	是	0.38	0.002

引自 EFSA CONTAM Panel(2015)。

表 7.8 雌性 B6C3F$_1$ 小鼠哈氏腺瘤发生率的 BMDLs(参数限制模式)

模型名称	参数限制	参数数量	负对数似然值	P 值	是否接受	$BMD_{10}/$ [mg/(kg 体重·d)]	$BMDL_{10}/$ [mg/(kg 体重·d)]
Full model	不适用	5	108.36	—	—	—	—
Null (reduced) model	不适用	1	152.85	—	—	—	—
LogProbit	默认设置	1	112.51	0.08	是	0.91	0.77
LogLogistic	默认设置	2	109.74	0.43	是	0.47	0.28
Multistage	默认设置	1	112.07	0.12	是	0.57	0.47
Weibull	默认设置	1	112.07	0.12	是	0.57	0.47
Gamma	默认设置	1	112.07	0.12	是	0.57	0.47

引自 EFSA CONTAM Panel(2015)。

表 7.9　雄性 B6C3F₁ 小鼠的哈氏腺瘤和腺癌发生率的 BMDLs(参数限制模式)

模型名称	参数限制	参数数量	负对数似然值	P 值	是否接受	BMD_{10} /[mg/(kg 体重·d)]	$BMDL_{10}$ /[mg/(kg 体重·d)]
Full model	不适用	5	113.44	—	—	—	—
Null (reduced) model	不适用	1	161.48	—	—	—	—
LogProbit	默认设置	2	116.15	0.14	是	0.62	0.51
LogLogistic	默认设置	3	114.64	0.30	是	0.37	0.17
Multistage	默认设置	2	117.24	0.055	是	0.38	0.31
Weibull	默认设置	2	117.24	0.055	是	0.38	0.31
Gamma	默认设置	2	117.24	0.055	是	0.38	0.31

引自 EFSA CONTAM Panel(2015)。

表 7.10　雌性大鼠乳腺纤维腺瘤发生率的 BMDLs(参数限制模式)

模型名称	参数限制	参数数量	负对数似然值	P 值	是否接受	BMD_{10} /[mg/(kg 体重·d)]	$BMDL_{10}$ /[mg/(kg 体重·d)]
Full model	不适用	5	157.83	—	—	—	—
Null (reduced) model	不适用	1	163.80	—	—	—	—
LogProbit	默认设置	2	159.28	0.41	是	1.31	0.85
LogLogistic	默认设置	2	158.74	0.61	是	0.55	0.30
Multistage	默认设置	2	158.80	0.59	是	0.71	0.44
Weibull	默认设置	2	158.80	0.59	是	0.71	0.44
Gamma	默认设置	2	158.80	0.59	是	0.71	0.44

引自 EFSA CONTAM Panel(2015)。

因此,工作组选择基于雄性 B6C3F$_1$ 小鼠的哈氏腺腺瘤和腺癌发生率所获得的最小 BMDL$_{10}$ 作为丙烯酰胺致癌效应的毒性参考点,即 0.17 mg/kg 体重(表 7.9);其剂量-反应关系的拟合为 LogLogistic 模型(图 7.2)。

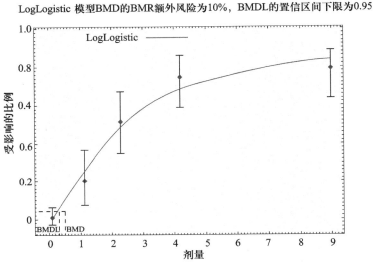

图 7.2　雄性 B6C3F$_1$ 小鼠哈氏腺腺瘤和腺癌发生率的 LogLogistic 模型

对于非致癌效应,工作组选择基于雄性 F344 大鼠外周(坐骨)神经轴索退化发生率所获得的最小 BMDL$_{10}$ 作为丙烯酰胺非致癌效应的毒性参考点,即 0.43 mg/kg 体重(表 7.11);其剂量-反应关系的拟合为 Quantal-Linear 模型(图 7.3)。

7.2.4　丙烯酰胺 BMDL 的风险评估应用

对非遗传毒性物质和非致癌物的危险性评估,通常方法是在 NOAEL 的基础上再加上安全系数,产生出每天允许摄入量(ADI)或每周耐受摄入量(PTWI),用人群实际摄入水平与 ADI 或 PTWI 进行比较,就可对该物质对人群的危险性进行评估。而对遗传毒性致癌物,以往的危险性评估认为应

表 7. 11　雄性 F344 大鼠外周(坐骨)神经轴索退化发生率的 BMDLs

模型名称	参数限制	参数数量	负对数似然值	P 值	是否接受	BMD_{10}/[mg/(kg 体重·d)]	$BMDL_{10}$/[mg/(kg 体重·d)]
Full model	不适用	5	114.99	—	—	—	—
Null (reduced) model	不适用	1	126.71	—	—	—	—
Probit	不适用	2	115.14	0.96	是	0.91	0.74
LogProbit	无	3	115.17	0.83	是	1.19	0.48
Logistic	不适用	2	115.09	0.97	是	0.96	0.79
LogLogistic	无	3	115.12	0.87	是	1.15	0.46
Quantal-Linear	不适用	2	115.84	0.63	是	0.61	0.43
Multistage Cancer	不适用	3	115.09	0.90	是	1.55	0.48
Multistage	无	3	115.09	0.90	是	1.08	0.47
Weibull	无	3	115.11	0.88	是	1.12	0.44
Gamma	无	3	115.13	0.87	是	1.14	0.43

引自 EFSA CONTAM Panel(2015)。

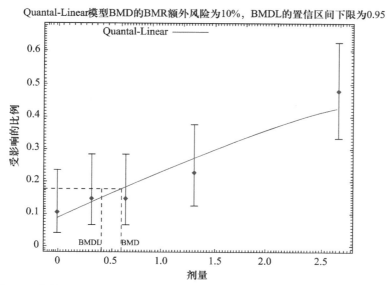

图 7.3　雄性 F344 大鼠外周(坐骨)神经轴索退化发生率的 Quantal-Linear 模型

尽可能避免接触这类物质,没有考虑这类物质摄入量和致癌作用强度的关系,没有可接受的耐受阈剂量,所以管理者不能以此来确定监管污染物的重点和预防措施,而管理者又非常需要评估者提供不同摄入量可能造成的不同健康危险度的信息。因此,目前国际上对该类物质进行危险性评估时,建议采用暴露限(MOE)。暴露限(MOE)是毒性参考剂量 BMDL 与估计人群摄入量的比值。MOE 越小,该物质的健康风险就越大;反之,MOE 越大,该物质的健康风险就越小。因此,考虑到丙烯酰胺的遗传毒性效应,工作组采用 MOE 方法进行风险特征描述。

对于丙烯酰胺的非致癌效应,工作组依据动物慢性毒性试验中神经病理性改变所获得的 $BMDL_{10}$(0.43 mg/kg 体重),低于雄性大鼠生殖毒性 NOAEL 值(2.0 mg/kg 体重),也低于发育毒性 NOAEL 值(1.0 mg/kg 体重),因此其作为非致癌效应的毒性参考点是保守的。根据不同国家膳食调查数据,人类对于丙烯酰胺的膳食平均摄入量为 0.4~1.9 μg/kg 体重,膳食暴露水平的 95% 置信区间为 0.6~3.4 μg/kg 体重。因此,神经毒性的 MOE 范围为 1 075~226,其 95% 置信区间为 717~126(表 7.12)。通常,非致癌效应的 MOE 高于 100 时可以认为不具有健康风险。因此,可以认为目前人群的丙烯酰胺暴露不会导致神经毒性健康危害。

表 7.12 丙烯酰胺对各年龄段人群非致癌效应的 MOE

年龄组	均数		P95	
	最小下限	最大上限	最小下限	最大上限
婴儿($n^{[a]}$=6/5)	860	269	307	172
幼儿(n=10/7)	478	226	307	126
其他儿童(n=17/17)	478	269	307	134
青少年(n=16/16)	1 075	478	478	215
成人(n=16/6)	1 075	717	538	331
老年人(n=13/13)	1 075	860	614	430
高龄组(n=11/9)	1 075	860	717	430

注:[a] 用于计算暴露量的调查次数。
引自 EFSA CONTAM Panel(2015)。

对丙烯酰胺的风险评估重点为致癌效应的评估。基于其致癌效应 $BMDL_{10}$(0.17 mg/kg 体重)计算,MOE 范围为 425～89,其 95% 置信区间为 283～50(表 7.13)。通常,致癌效应的 MOE 高于 10 000 时才可以认为不具有健康风险。因此,丙烯酰胺暴露对人体的致癌风险值得关注。建议采取合理的措施来降低食品中丙烯酰胺的含量,以减少人体膳食暴露。

表 7.13　丙烯酰胺对各年龄段人群致癌效应的 MOE

年龄组	均数		P95	
	最小下限	最大上限	最小下限	最大上限
婴儿($n^{(a)}=6/5$)	340	106	121	68
幼儿($n=10/7$)	189	89	121	50
其他儿童($n=17/17$)	189	106	121	53
青少年($n=16/16$)	425	189	189	85
成人($n=16/16$)	425	283	213	131
老年人($n=13/13$)	425	340	243	170
高龄组($n=11/9$)	425	340	283	170

注:[a] 用于计算暴露量的调查次数。
引自 EFSA CONTAM Panel(2015)。

7.3　案例三:内源性亚硝胺的风险评估

7.3.1　来源文献及简介

文献题目: Risk assessment of N-nitrosodimethylamine formed endogenously after fish-with-vegetable meals.

收录期刊:*Toxicological Sciences*,2010,116(1):323-335.

文献摘要:食用鱼类和富含硝酸盐的蔬菜可能在胃内形成遗传毒性致

癌物 N-亚硝基二甲胺(NDMA)。为评估这一反应过程与人类癌症相关风险,研究者建立了动态的体外胃肠模型,用于模拟鱼肉和蔬菜摄入后在胃内形成 NDMA,并将试验结果与荷兰食品消费数据结合建立统计分析模型,从而预测人体内源性形成 NDMA 的暴露水平。结果显示,长期暴露分布的第 95 百分位约为 4 ng/kg 体重(儿童)或 0.4 ng/kg 体重(成人)。通过一项慢性致癌性试验研究获得基准剂量 $BMDL_{10}$,NDMA 的暴露限(MOE)估计为 7 000(儿童)和 73 000(成人)。此外,通过暴露分布情况与肝脏肿瘤发生的剂量-反应分析相结合,得出 NDMA 致癌效应的人群风险分布,人群 95% 个体暴露的风险低于 8×10^{-7}(成人)或 6×10^{-6}(儿童)。利用肝癌发生数据可以用来分析肿瘤发病率和发病时间之间的关系。基于 10^{-6} 额外风险,大鼠肿瘤发生时间的缩短估算为 3.8 min,相当于人类的 0.1 d。研究者还进行了 NDMA 急性暴露与致癌性 $BMDL_{10}$ 的研究,MOE 结果是 110 000。研究得出结论,摄入鱼肉和富含硝酸盐的蔬菜会导致癌症风险的轻微增加。

7.3.2　试验数据与毒性终点选择

由于 NDMA 是已知可能对人类具有致癌作用的化学物(IARC,2000),该研究利用一项大鼠慢性致癌试验数据进行剂量-反应关系评估,毒性终点设定为"肝脏肿瘤的发生率"(表 7.14～表 7.16)。

7.3.3　BMDL 的获取及应用

基于上述研究数据,利用 PROAST(Slob,2002;www. proast. nl)进行分析并计算 BMD 及 BMDL。

1. 参数设置

(1)数据类型:虽然毒性终点肿瘤发生率为二分类数据,但研究者认为肿瘤发生率反映了化学物致癌的连续过程,因此将其作为连续型数据采用了潜变量模型(latent variable mode,LVM)分析。

（2）BMR：10%额外风险（extra risk）。

（3）剂量-反应模型：指数模型和 Hill 模型。

（4）限制性参数：见表 7.17。

表 7.14　NDMA 诱发雄性大鼠肝脏肿瘤的类型及发生数量

试验组	NDMA浓度/(mg/kg)	造成动物死亡的肝肿瘤类型					总观察值(O)	总期望值[a](E)	比率(O/E)
		肝脏细胞[b](M)[c]	胆管[d](B)	间质[e](M)	枯否细胞[f](M)	未知[g]			
1	0	1	0	0	0	0	1	86.3	0.01
2	0.033	1	0	0	0	0	1	23.0	0.04
3	0.066	1	1	0	1	0	3	22.4	0.13
4	0.132	1	1	1	0	0	3	22.0	0.14
5	0.264	1	1	1	0	0	3	21.9	0.14
6	0.528	2	1	0	0	0	3	23.9	0.13
7	1.056	2	0	1	2	0	5	21.0	0.24
8	1.584	3	0	0	0	0	3	21.1	0.14
9	2.112	4	3	6	0	0	13	21.7	0.60
10	2.640	11	7*	5	3	1	27	17.2	1.6
11	3.168	13*	8	12	0	0	33	17.1	1.9
12	4.224	18*	8*	10	0	0	36	14.6	2.5
13	5.280	27	14	3	2	0	46	10.4	4.4
14	6.336	30	12	7	0	0	49	9.4	5.2
15	8.448	44	7	4	0	0	55	6.4	8.6
16	16.896	46	0	10	0	3	59	1.7	34.5
总计（所有剂量组）		205	63	60	8	4	340	340.0	1.0

注：[a] 趋势检测，肝肿瘤致死：$T=1\,900$；$z=48.67$。

[b] 趋势检测，肝细胞肿瘤致死：$T=1\,330$；$z=41.26$。

[c] M、B，细胞肿瘤致命的主要组织学类型：M 为恶性；B 为良性；少数例外情况的细胞类型特异性的组织学用星号标记（*、**）。

[d] 趋势检测，胆管肿瘤致死：$T=216$；$z=15.86$。

[e] 趋势检测，间充质肿瘤致死：$T=297$；$z=19.63$。

[f] 趋势检验，枯否细胞肿瘤致死：$T=13$；$z=3.33$。

[g] 由于自溶或其他组织丢失而未记录细胞类型和侵袭性。

引自 Peto et al. (1991a)。

表 7.15　NDMA 诱发雌性大鼠肝脏肿瘤的类型及发生数量

| 试验组 | NDMA 浓度/ (mg/kg) | 造成动物死亡的肝肿瘤类型 | | | | | 总观察值 (O) | 总期望值[a] (E) | 比率 (O/E) |
		肝脏细胞[b] (M)[c]	胆管[d] (B)	间质[e] (M)	枯否细胞[f] (M)	未知[g]			
1	0	0	1[*]	0	0	0	1	120.3	0.01
2	0.033	0	0	1	0	0	1	31.0	0.03
3	0.066	0	0	0	0	0	0	30.3	0.00
4	0.132	2[*]	0	0	0	0	2	28.8	0.07
5	0.264	1	1	1	0	0	3	31.3	0.10
6	0.528	3	0	1	1	0	5	29.2	0.17
7	1.056	2[*]	1	1	1	0	5	30.6	0.16
8	1.584	2	25	0	0	0	27	25.5	1.1
9	2.112	6	23	3	1	0	33	25.4	1.3
10	2.640	5[*]	38	1	0	0	44	21.2	2.1
11	3.168	4	41	3	0	0	48	19.4	2.5
12	4.224	7	43	2	0	1	53	16.0	3.3
13	5.280	12	39	0	0	1	52	11.2	4.6
14	6.336	19	30	2	0	0	51	10.5	4.9
15	8.448	39	9	5	0	2	55	5.5	10.0
16	16.896	41	1	12	0	4	58	1.9	30.8
总计(所有剂量组)		143	252	32	3	8	438	438.0	1.0

注:[a] 趋势检测,肝肿瘤致死:$T=2\,100$;$z=52.15$。

[b] 趋势检测,肝细胞肿瘤致死:$T=1\,047$;$z=36.18$。

[c] M、B,细胞肿瘤致命的主要组织学类型;M 为恶性;B 为良性;少数例外情况的细胞类型特异性的组织学用星号标记(*、**)。

[d] 趋势检测,胆管肿瘤致死:$T=751$;$z=34.01$。

[e] 趋势检测,间充质肿瘤致死:$T=236$;$z=16.00$。

[f] 趋势检验,枯否细胞肿瘤致死:$T=2$;$z=0.91$。

[g] 由于自溶或其他组织丢失而未记录细胞类型和侵袭性。

引自 Peto et al. (1991a)。

表 7.16　NDMA 诱发肝脏肿瘤全部类型的整合发生数量

试验组 （1 为对照组， 2～16 为 NDMA 处理组）	雄性			雌性		
	NDMA 剂量/ [mg/kg 成人 体重·d)]	肝肿瘤 荷瘤 动物数	韦泊分 布中位 数/a	NDMA 剂量/ [mg/kg 成人 体重·d)]	肝肿瘤 荷瘤 动物数	韦泊分 布中位 数/a
1	0	13	3.67	0	16	3.35
(2～5)	(0.005)	(23)	(3.41)	(0.009)	(22)	(3.23)
2	0.001	5	3.53	0.002	4	3.50
3	0.003	7	3.30	0.005	6	3.22
4	0.005	5	3.47	0.010	5	3.20
5	0.011	6	3.36	0.019	7	3.10
6	0.022	5	3.52	0.038	12	2.73
7	0.044	9	3.12	0.076	18	2.62
8	0.065	12	2.83	0.115	42	1.72
9	0.087	19	2.72	0.153	43	1.76
10	0.109	35	2.14	0.191	51	1.34
11	0.131	38	2.00	0.229	55	1.26
12	0.174	41	1.84	0.306	56	1.10
13	0.218	48	1.38	0.382	58	0.94
14	0.261	56	1.26	0.459	59	0.94
15	0.348	56	1.12	0.612	57	0.82
16	0.697	59	0.61	1.224	58	0.53
总计		414			547	

引自 Peto et al. (1991b)。

表 7.17   指数模型和 Hill 模型及限制性参数设置

模型名称	模型参数的数量	模型表达式，效应(y)作为剂量(x)的函数	限制性条件
Model 1	1	$y=a$	$a>0$
Exponential family			
Model 2	2	$y=a\exp(bx)$	$a>0$
Model 3	3	$y=a\exp(bx^d)$	$a>0, d\geqslant1$
Model 4	3	$y=a[c-(c-1)\exp(-bx)]$	$a>0, b\geqslant0, c\geqslant0$
Model 5	4	$y=a[c-(c-1)\exp(-bx^d)]$	$a>0, b\geqslant0, c\geqslant0, d\geqslant1$
Hill family			
Model 2	2	$y=a[1-x/(b+x)]$	$a>0$
Model 3	3	$y=a[1-x^d/(b^d+x^d)]$	$a>0, d\geqslant1$
Model 4	3	$y=a[1+(c-1)x/(b+x)]$	$a>0, b\geqslant0, c\geqslant0$
Model 5	4	$y=a[1+(c-1)x^d/(b^d+x^d)]$	$a>0, b\geqslant0, c\geqslant0, d\geqslant1$

引自 Zeilmaker et al. (2010)。

2. 分析结果

在全部可接受的模型中,BMDL 值之间的差距较小,其中最小值为 0.029 mg/kg 体重(表 7.18)。

值得注意的是,研究者利用肿瘤发生时间(time-to-tumor)数据进行了 BMD 分析。肿瘤发生时间为连续型数据,拟合模型同样选择了指数模型和 Hill 模型,并依据最大似然比进行筛选。BMR 设置为肿瘤发生时间与对照组相比减少 5%,即 $BMDL_{05}$。由于雌、雄动物之间无显著差异,研究者将二者整合后进行分析。结果显示,指数模型得出的 $BMDL_{05}$ 为 0.010 mg/kg 体重,Hill 模型得出的 $BMDL_{05}$ 为 0.012 mg/kg 体重(图 7.4)。

表 7.18　NDMA 诱发大鼠肝脏肿瘤的 BMDLs

模型	协变量依赖性参数	参数数量	对数似然值	是否接受*	$BMD_{10}/$ [mg/(kg·d)]	$BMDL_{10}/$ [mg/(kg·d)]	层次
Null	—	1	−1 552.12	—	—	—	—
Full	—	32	−780.99	—	—	—	—
One-stage	—	2	−823.7	否	0.015 6	未评估	f
Two-stage	—	3	−823.7***	否	0.015 6	未评估	f
LogLogistic	b	4	−795.31	是	0.037 8	0.031 3	f
Weibull	—	3	−822.02	否	0.019 5	未评估	f
LogProbit	b	4	−801.11	是	0.035 3	0.0291	f
Gamma	—	3	−818.81	否	0.025 4	未评估	f
E4 (LVM)	b	4	−791.16	是	0.031 9	0.029**	f
E5 (LVM)	b	5	−790.9	是	0.041 9	0.035**	f

注：* 当 $P=0.01$ 为标准通过拟合优度检验（与完整模型相比的对数似然比检验）时模型被接受。

　　** 通过 250 次程序运行获得。

　　*** 高阶 LMS 模型没有得到更好的拟合并得出 10% 额外风险的 BMD(L)$_{10}$（下限）。

　　f：雌性，最敏感的性别，即 BMD(L)s 所指的性别。LVM：Latent Variable Model。

引自 Zeilmaker et al.（2010）。

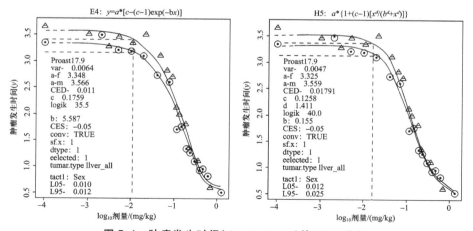

图 7.4　肿瘤发生时间（time-to-tumor）的 BMD 分析

7.3.4　内源性 NDMA 的风险特征描述

此前,研究者通过体外动态消化模型对 NDMA 的内源性生成水平进行了计算,并对其与膳食中鱼肉和亚硝酸盐含量之间的关系进行了定量描述。结合人群膳食消费数据,研究者推算出内源性 NDMA 的长期暴露水平,范围为 0.40～4.10 ng/kg 体重。因此,MOE 值为 7 000～72 500。但在该研究中,研究者认为 MOE 仅能反映风险等级或优先性,不能代表实际的健康风险。因此,研究者以 10^{-6} 额外风险水平作为 BMR 进行了 BMDL 推算(表 7.19),得出 BMDL＝0.39 ng/kg 体重。

表 7.19　利用两种模型计算的致癌风险及对应的 BMDLs

附加风险	LogProbit 模型 BMDL/(mg/kg)	LVM-E4 BMDL/(mg/kg)
0.10	0.029	0.031
0.05	0.021	0.016
0.01	0.012	0.38×10^{-2}
0.005	0.009 3	0.19×10^{-2}
10^{-3}	0.003 4	0.39×10^{-3}
10^{-6}	0.001 4	0.39×10^{-6}

引自 Zeilmaker et al. (2010)。

随后,研究者利用 LVM-E4 指数模型计算了不同暴露水平人群的风险值及频数分布,发现人群 95% 个体暴露的风险低于 8×10^{-7}(成人)或 6×10^{-6}(儿童)。而在 10^{-6} 额外风险下,肿瘤发生时间的改变可能并不显著。研究者总结,虽然该研究具有来自多个方面的不确定性,但该科学保守的分析方法揭示膳食摄入鱼和蔬菜导致的内源性 NDMA 只能轻微增加人类癌症风险。

7.4　案例四：膳食中香豆素的健康风险评估

7.4.1　来源文献及简介

文献题目：Risk assessment of coumarin using the benchmark dose (BMD) approach：children in Norway which regularly eat oatmeal porridge with cinnamon may exceed the TDI for coumarin with several folds.

收录期刊：*Food and Chemical Toxicology*，2012，50(3-4)：903-912.

文献摘要：香豆素是一种天然的调味品，存在于肉桂和许多其他植物中。香豆素在几种动物种属中可引起肝毒性，被认为是啮齿动物的一种非遗传毒性致癌物。本研究采用基准剂量法对香豆素的毒性进行了重新评估，并建立了 TDI 为 0.07 mg/(kg 体重·d)。香豆素的膳食摄入量与含有肉桂的食物和食品添加剂摄入量有关。肉桂在挪威是一种广泛使用的香料，可作为燕麦粥的配料。基于对挪威食物中香豆素的分析，以及儿童和成人的摄入量计算，对挪威人的香豆素摄入进行了风险评估。暴露评估表明，儿童对于香豆素的摄入量为 1.63 mg/(kg 体重·d)，可能超过 TDI 数倍。成年人通过肉桂茶和肉桂类补充剂也会造成香豆素摄入水平超过 TDI，某些情况下可以超过 TDI 的 7～20 倍。在此暴露水平下，即使在 1～2 周的有限暴露时间也可能引起不良健康效应。

7.4.2　试验数据与毒性终点选择

研究者认为，基于已有数据可以认为香豆素不具有遗传毒性，可以通过阈值原则对其进行风险评估。香豆素的毒性效应中以肝毒性最为显著，啮齿动物试验显示肝脏某些酶和肝脏质量的改变具有剂量-反应关系。大鼠的毒性反应可能更为敏感,香豆素导致 SD 大鼠肝毒性的 LOAEL 为 16 mg/kg 体重(雄性)和 18 mg/kg 体重(雌性)(NTP,1993)。

该研究对香豆素诱发肝毒性的研究数据进行了整理分析(表 7.20),最后选择数据质量较高的 NTP 研究进行 BMD 分析(表 7.21)。

7.4.3　BMDL 的获取及应用

基于 NTP 大鼠 2 年慢性经口毒性研究数据,利用 BMDS 软件进行分析并计算 BMD 及 BMDL。

1. 参数设置

(1)数据类型:肝脏绝对和相对质量、酶活性为连续型数据。

(2)BMR:5% 额外风险(BMR_{05})。

(3)剂量-反应模型:Power,Polynominal,Linear,Hill。

(4)限制性参数:默认。

2. 分析结果

小鼠肝毒性的 BMD 分析结果显示(表 7.22),在通过验证的可接受模型中 Hill 模型获得最低 $BMDL_{05}$ 为 16 mg/kg 体重(雌性)。大鼠肝毒性的 BMD 分析结果显示(表 7.23),最低 $BMDL_{05}$ 来自线性模型(图 7.5),雌、雄动物的 $BMDL_{05}$ 分别为 10 mg/kg 体重和 11 mg/kg 体重。这些剂量指的是每周给药 5 次的染毒剂量,可转换为 7 mg/(kg 体重·d)。以 100 作为不确定系数,推算香豆素的 TDI 为 0.07 mg/kg 体重。

基于对挪威食物中香豆素的分析,以及儿童和成人的摄入量计算,对挪威人的香豆素摄入进行了风险评估。暴露评估表明,1 岁儿童对于香豆素的摄入量可能超过 TDI 数倍[1.63 mg/(kg 体重·d)];成年人通过肉桂茶和肉桂类补充剂也会造成香豆素摄入水平超过 TDI,某些情况下可以超过 TDI 的 7~20 倍。因此,目前香豆素的膳食暴露水平可能引起不良健康效应。

表 7.20　香豆素诱发实验动物肝毒性的研究数据

LOAEL[a]/NOAEL/[mg/(kg体重·d)]	研究时间	品系	剂量/[mg/(kg体重·d)]	影响	给药方式/给药频率	性别/组别	参考文献
37[a]	2年	B6C3F1 小鼠	0,50,100,200	肝脏嗜酸性细胞病灶的净增加率(36%)	管饲 5次/周	F 50	NTP (1993)
37[a]	2年	B6C3F1 小鼠	0,50,100,200	肝脏嗜酸性细胞病灶的净增加率(20%)	管饲 5次/周	M 50	NTP (1993)
37[a]	2年	B6C3F1 小鼠	0,50,100,200	肝细胞腺瘤或癌的发病率净增加率(46%)	管饲 5次/周	F 50	NTP (1993)
271	2年	CD-1 小鼠	0,26.2,85.8,280 (M) 0,28.9,91.3,271(F)	病理学,血液学	日常饮食	F,M 52	Carlton et al. (1996)
18[a]	2年(15月龄时测肝重)	F344 大鼠	0,25,50,100	肾病严重程度加重(33%)肾病发病率净增(15%)在最低剂量试验时,相对肝脏质量增加(10%)	管饲 5次/周	F 50, 10只测肝重	NTP (1993)
18[a]	2年(15月龄时测体重)	F344 大鼠	0,25,50,100	肝坏死发生率净增加(24%)肾病严重程度净增加(45%)前胃溃疡发病率净增加(39%)	管饲 5次/周	M 50	NTP (1993)
18[a]	2年	F344 大鼠	0,25,50,100	肾腺瘤发病率净增加(10%)	管饲 5次/周	M 50	NTP (1993)
16[a]	2年	Sprague Dawley 大鼠	0,16,50,107,156,283 (M) 0,13,42,87,130,234	肝脏绝对质量增加(15%)	日常饮食	F 65	Carlton et al. (1996)
8.6	9~350 d	犬	10,25,50,100	肝毒性	6 粒胶囊/周	M,F 4	Hagan et al. (1967)
22.5	2年	猕猴	0,2.5,7.5,22.5,67.5	肝脏质量	日常饮食	M 4	Evans et al. (1979)

注:F,雌性;M,雄性。
a VKM 小组已将 NTP 研究的数值从每周 5 次染毒转换为慢性暴露剂量 mg/(kg体重·d)。
引自 Fotland et al. (2012)。

表 7.21   香豆素诱发大鼠肝脏重量增加的 NTP 研究数据

	溶剂对照	50 mg/kg	100 mg/kg	200 mg/kg
雄性				
样本数量	10	10	10	9
解剖体重	53.6±0.8	50.6±1.2	51.1±1.8	47.2±1.6 **
脑				
绝对质量	0.500±0.000	0.500±0.015	0.500±0.000	0.489±0.011
相对质量	9.35±0.14	9.94±0.40	9.90±0.40	10.50±0.51 *
左肾				
绝对质量	0.430±0.021	0.400±0.015	0.390±0.010	0.389±0.020
相对质量	8.01±0.37	7.93±0.30	7.71±0.35	8.35±0.56
右肾				
绝对质量	0.400±0.015	0.420±0.013	0.420±0.020	0.400±0.017 [b]
相对质量	7.45±0.22	8.33±0.27	8.20±0.23	8.74±0.51 ** [b]
肝				
绝对质量	2.420±0.101	2.280±0.101	2.380±0.190	2.444±0.153 [b]
相对质量	45.08±1.59	44.97±1.34	46.23±2.73	54.23±3.76 * [b]
雌性				
样本数量	8	10	10	9
解剖体重	49.9±1.7	44.3±1.4 *	45.9±1.4 *	41.2±1.4 **
脑				
绝对质量	0.488±0.013	0.480±0.013	0.480±0.013	0.500±0.000
相对质量	9.86±0.46	10.98±0.55	10.54±0.39	12.23±0.42 **
左肾				
绝对质量	0.288±0.030	0.250±0.017	0.260±0.016	0.256±0.018
相对质量	5.78±0.57	5.67±0.40	5.68±0.33	6.29±0.55

续表 7.21

	溶剂对照	50 mg/kg	100 mg/kg	200 mg/kg
右肾				
绝对质量	0.250±0.019	0.250±0.017	0.290±0.023	0.278±0.015
相对质量	5.04±0.40	5.68±0.40	6.33±0.51	6.78±0.40*
肝				
绝对质量	1.688±0.069	1.660±0.060	1.720±0.055	1.756±0.044
相对质量	33.88±1.14	37.49±0.80*	37.59±0.88*	42.80±1.31**

注：* 通过 Williams's 检验或 Dunnett's 检验，与对照组比较具有显著差异（$P<0.05$）。

　　** $P\leqslant0.01$。

　　[a] 脏器质量和体重以克（g）为单位；脏器质量与体重比为：mg 脏器质量/g 体重（平均值±标准误差）。

　　[b] $n=8$。

引自 Fotland et al.（2012）。

表 7.22　香豆素对小鼠肝毒性的 BMDLs

试验终点	检验类型	雄性			雌性		
		Fit*	BMD_{05}	$BMDL_{05}$	Fit*	BMD_{05}	$BMDL_{05}$
肝脏相对	Power	0.93	123	32	0.30	42	31
质量**	Polynomial	NA[a]	122	9	NA	15	7
	Linear	0.45	46	27	0.30	42	31
	Hill	NA	104	30	0.12	41	16

注：* 根据美国 EPA BMDS 软件，P 值大于 0.1 表示所选择的模型能够充分描述数据（检验 4）。

　　** 雄性（$P=0.002$）和雌性（$P<0.0001$）动物中存在肝质量的剂量-效应关系（检验 1）。

　　[a] NA：不适用，即拟合测试无效。

引自 Fotland et al.（2012）。

表 7.23　香豆素对大鼠肝毒性的 BMDLs

试验终点	检验类型	雄性			雌性		
		Fit*	BMD$_{05}$	BMDL$_{05}$	Fit*	BMD$_{05}$	BMDL$_{05}$
肝脏绝对	Power	0.46	31	17	0.68	15	11
质量**	Polynomial	NA[a]	6	2	NA	7	3
	Linear	0.46	31	17	0.35	15	10
	Hill	0.21	30	<0.1	0.58	10	4
肝脏相对	Power	0.41	14	11	0.66	15	10
质量**	Polynomial	NA	8	3	NA	12	5
	Linear	0.72	14	11	0.71	11	10
	Hill	NA	14	14	NA	16	8

注:* 根据美国 EPA BMDS 软件,P 值大于 0.1 表示所选择的模型能够充分描述数据(检验 4)。

　　** 所有模型均存在剂量-效应关系(P<0.0001,检验 1)。

　　[a]NA:不适用,即拟合测试无效。

引自 Fotland et al.(2012)。

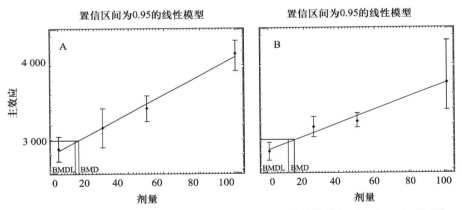

图 7.5　香豆素诱发大鼠肝脏相对质量增加的 BMD 线性模型(Fotland et al.,2012)

7.5　案例五:利用高通量转录物组学数据估算传统毒性效应的基准剂量

7.5.1　来源文献及简介

文献题目:Evaluation of 5-day *in vivo* rat liver and kidney with high-throughput transcriptomics for estimating benchmark doses of apical outcomes.

收录期刊:*Toxicological Sciences*.2020,176(2):343-354.

文献摘要:本研究评估了"5 d 体内实验大鼠模型"作为预测化学物暴露导致微小健康风险的手段,核心方法是比较肝脏和肾脏转录变化的基准剂量(BMD)值与传统毒理学终点的 BMD 值之间的差异。本研究测试了 18 种化学物质,其中大多数已经被美国国家毒理学计划(NTP)进行了 2 年动物试验的毒理学评价。根据传统的毒理学评价方法,这些化学物质中有一些在啮齿类动物中具有较强的肝毒性(如五溴联苯醚、全氟辛酸和呋喃),有一些表现出毒性但对肝脏的影响微小(如丙烯酰胺和苦艾脑),还有一些几乎没有明显的毒性(如人参和水飞蓟提取物)。试验采用雄性 SD 大鼠,每天暴露一次,连续 5 d,每种化学物质经口给予 8～10 个剂量水平。在最终一次染毒后 24 h 收集肝脏和肾脏,提取总 RNA 进行高通量转录物组学(HTT)分析(RNA-seq)。HTT 数据用 BMD Express 2.2 软件分析以获得确定转录基因集的 BMD 值。BMDS 软件用于获取慢性或亚慢性毒性试验中组织病理学毒性效应的 BMD 值。研究结果显示,对于许多化学物质,5 d 体内试验的最小转录物组学 BMD 在传统毒性终点 BMD 的 5 倍以内。这些数据表明,使用 5 d 体内试验的 HTT 方法能够帮助预测传统毒性终点的 BMD 值,这种方法可能有助于确定化学物质进行后续安全性评价的优先级,同时能够更加迅速、经济地提供有效数据。

7.5.2　试验数据与毒性终点选择

1. 受试物的选择

研究者选择了18种外源化学物(表7.24)进行对比分析,化学物选择依据如下。

(1)这些化学物经重复染毒试验进行了毒理学评价。除非诺贝特(FEN)外,全部化学物都进行了90 d亚慢性试验或2年慢性试验研究。

(2)化学物染毒途径为经口(灌胃、掺入饮水或饲料)。

(3)既往研究资料表明,化学物能够增加肝脏或其他脏器组织病理学改变的发生率,包括致癌效应和非致癌效应。

研究者提出,肝脏和肾脏可以作为化学物诱发机体毒性反应的"前哨"组织,所以将肝脏、肾脏的组织病理改变作为研究的重点。对于上述化学物,则根据其引发肝脏毒性的特点分为以下3类。

(1)具有显著的肝毒性:五溴二苯醚混合物(DE71)(NTP,589,2016),呋喃(FUR)(Von Tungeln et al.,2017),甲基丁香酚(MET)(NTP,491,2000),香豆素(COU)(NTP,422,1993a),四氯偶氮苯(TCAB)(NTP,558,2010a),长叶薄荷酮(PUL)(NTP,563,2011d),邻苯二甲酸酯(DEHP)(NTP,217,1982),全氟辛酸(PFOA)(NTP,598,2020),非诺贝特(FEN),六氯苯(HCB)(Arnold et al.,1985),磷酸三(2-氯丙基)酯(TCPP)。

(2)无肝毒性但具有其他脏器毒性:侧柏酮(THU)(NTP,570,2011a),丙烯酰胺(ACR)(NTP,575,2012),溴氯乙酸(BDCA)(NTP,583,2015),乙炔雌二醇(EE2)(NTP,548,2010b),四溴双酚A(TBBPA)(NTP,587,2014)。

(3)对肝脏或其他脏器均无毒性:人参(GIN)(NTP,567,2011b),水飞蓟提取物(MTE)(NTP,565,2011c)。

表 7.24　SD 大鼠 5 d 体内试验的 18 种受试物

化学物（缩写）	CAS 编号	供应商	批号	纯度/%
丙烯酰胺 Acrylamide (ACR)	79-06-1	Sigma-Aldrich (St Louis, Missouri)	BCBR0859V	99
溴氯乙酸 Bromodichloroacetic acid (BDCA)	71133-14-7	Chemfinet (Tarrytown, New York)	NJ 87-90/9/2005	93.6
香豆素 Coumarin (COU)	91-64-5	Sigma-Aldrich	MKBX9839V	100
邻苯二甲酸酯 Di(2-ethylhexyl) phthalate (DEHP)	117-81-7	Sigma-Aldrich	01514TH	99.7
五溴二苯醚混合物 Pentabromodiphenyl ether mixture (DE71)	32534-81-9	Great Lakes Chemical Corp (West Lafayette, Indiana)	2550OA30A	101.8
乙炔雌二醇 Ethinyl estradiol (EE2)	57-63-6	Toronto Research Chemicals, Inc (North York, Ontario)	16-XJZ-61-1	99
非诺贝特 Fenofibrate (FEN)	49562-28-9	Gojira Fine Chemicals LLC (Bedford Heights, Ohio)	091722	100.3
呋喃 Furan (FUR)	110-00-9	Sigma-Aldrich	SHBG4510V	100
人参 Ginseng (GIN)	50647-08-0	Plus Pharma, Inc (Vista, California)	3031978	NA
六氯苯 Hexachlorobenzene (HCB)	118-74-1	Sigma-Aldrich	03915CU	99

续表 7.24

化学物（缩写）	CAS 编号	供应商	批号	纯度/%
甲基丁香酚 Methyl eugenol（MET）	93-15-2	Sigma-Aldrich	MKBX2654V	98.3
水飞蓟提取物 Milk thistle extract（MTE）	84604-20-6	Indena USA, Inc (Seattle, Washington)	27691/M6	NA
全氟辛酸 Perfluorooctanoic acid（PFOA）	335-67-1	Sigma-Aldrich	03427TH	93.7
长叶薄荷酮 Pulegone（PUL）	89-82-7	TCI America (Portland, Oregon)	OGI01	96
四溴双酚 A Tetrabromobisphenol A（TBBPA）	79-94-7	Albemarle Corporation (Baton Rouge, Louisiana)	M03207KA	99
四氯偶氮苯 3,3',4,4'-Tetrachloroazobenzene（TCAB）	14047-09-7	AccuStandard (New Haven, Connecticut)	10009-52-01	99.8
磷酸三（2-氯丙基）酯 Tris(chloropropyl) phosphate（TCPP）	13674-84-5	Albemarle Corporation	M072911NP	97
侧柏酮 α,β-Thujone（THU）	76231-76-0	TCI America	5J7FG	79.9

引自 Gwinn et al.（2020）。

2. 剂量设置

(1)传统毒理学试验中化学物的剂量水平如表 7.25 所示。

(2)5 d 体内试验所设置的剂量范围涵盖了传统毒理学试验研究中的剂量水平,如表 7.26 所示。

3. 毒性终点

(1)对于传统毒理学研究数据,采用化学物引发各组织脏器病理改变(包括致癌和非致癌效应)的发生率作为 BMD 分析的毒性终点。

(2)研究者在 5 d 经口试验终点检测了动物体重及肝、肾质量,并进行了剂量趋势检验以进行后续 BMD 分析。

(3)研究者对 5 d 经口试验的动物肝、肾组织 RNA 测序数据首先进行了对数转换 $\log_2(CPM+1)$,并以与阴性对照组相比的变化倍数(fold change,FC)>1.5 或 <-1.5 进行过滤,最终进行基因注释的生物学过程(Gene Oncology biological process,GO BP)分析。

7.5.3　BMDLs 的获取

1. 参数设置

(1)数据类型:病理改变的发生率为二分类数据,转录物组学数据为连续型数据。

(2)BMR:10% 额外风险(BMD_{10},对于发生率数据)或 1 个 SD(对于转录物组数据)。

(3)剂量-反应模型:研究者采用 Multistage 1-2 模型对发生率数据进行分析,采用 Linear、Exponential、Polynominal、Power 模型对转录物组数据进行分析。

(4)其他参数:方差齐性,最小 AIC。

(5)最终 BMD 确定原则:传统毒理学数据采用最小 BMD_{10},转录物组数据采用中位数 BMD 以避免因基因集大小造成的错误推算。

表 7.25　传统毒理学试验中的受试物剂量设置

化学物	研究类型	肝毒性	大鼠品系	途径及溶剂	受试浓度[a]
丙烯酰胺（ACR）	2 年（NTP TR 575）	否（其他[b]）	F344/N	饮水	0,0.33,0.66,1.32,2.71
溴氯乙酸（BDCA）	2 年（NTP TR 583）	否（其他）	F344/NTac	饮水	0,11,21,43
香豆素（COU）	2 年（NTP TR 422）	是	F344/N	灌胃/玉米油	0,25,50,100
邻苯二甲酸酯（DEHP）	2 年（NTP TR 217）	是	F344	饲料/无	0,322,674
五溴二苯醚混合物（DE71）	2 年（NTP TR 589）	是	Wistar Han	灌胃/玉米油	0,3,15,50
乙炔雌二醇（EE2）	2 年（NTP TR 548）	否（其他）	NCTR SD (FIC)	饲料/无	0,0.15,0.6,3.3
非诺贝特（FEN）	29 d（TG-GATEs）[c]	是	Sprague Dawley	灌胃/0.5%水溶液	0,10,100,1000
呋喃（FUR）	2 年（Von Tungeln et al.,2017）	是	F344/N	灌胃/玉米油	0,0.02,0.044,0.092,0.2,0.44,0.92,2.2
	2 年（NTP TR 402）[e]	是	F344/N	灌胃/玉米油	0,2,4,8
人参（GIN）	2 年（NTP TR 567）	否	F344/N	灌胃/去离子水	0,1 250,2 500,5 000
六氯苯（HCB）	2 年（Arnold et al.,1985）	是	Sprague Dawley	饲料/无	0,0.02,0.09,0.47,2.35
甲基丁香酚（MET）	2 年（NTP TR 491）	是	F344/N	灌胃/0.5%水溶液	0,37,75,150,300
水飞蓟提取物（MTE）	2 年（NTP TR 565）	否	F344/N	饲料/无	0,570,1 180,2 520
全氟辛酸（PFOA）	2 年（NTP TR 598）	是	Sprague Dawley	饲料/无	0,2.2,4.4,8.8
长叶薄荷酮（PUL）	2 年（NTP TR 563）	是	F344/N	灌胃/玉米油	0,18.75,37.5,75
四溴双酚 A（TBBPA）	2 年（NTP TR 587）	否（其他）	Wistar Han	灌胃/玉米油	0,250,500,1 000
四氯偶氮苯（TCAB）	2 年（NTP TR 558）	是	Sprague Dawley	灌胃/玉米油,丙酮	0,10,30,100

续表 7.25

化学物	研究类型	肝毒性	大鼠品系	途径及溶剂	受试浓度[a]
磷酸三(2-氯丙基)酯(TCPP)	90 d (NTP TOX)[f]	是	B6C3F$_1$[g]	饲料/无	0,250,500,1 000,2 000,4 000
侧柏酮(THU)	2 年 (NTP TR 570)	否(其他)	F344/N	灌胃/0.5%水溶液	0,12.5,25,50

注：[a]单位为 mg/kg,乙炔雌二醇(μg/kg)除外。

[b]无肝毒性但对其他组织有毒性。

[c]TG-GATES (https://toxico.nibiohn.go.jp/english)。

[d]在蒸馏水中。

[e]数据为雌性大鼠及雌、雄小鼠。

[f]数据未发表。

[g]仅小鼠数据。

引自 Gwinn et al. (2020)。

表 7.26　SD 大鼠 5 d 体内试验的受试物剂量设置

化学物	灌胃溶剂	受试浓度[a,b]
丙烯酰胺(ACR)	去离子水	0,0.078,0.156,0.312 5,0.625,1.25,2.5,5,10
溴氯乙酸(BDCA)	去离子水	0,1.25,2.5,5,10,20,40,80,160
香豆素(COU)	玉米油	0,3.125,6.25,12.5,25,50,100,200,400
邻苯二甲酸酯(DEHP)	玉米油	0,8,16,31.25,62.5,125,250,500,1 000
五溴二苯醚混合物(DE71)	玉米油	0,0.38,0.75,1.5,3,15,50,100,200,500
乙炔雌二醇(EE2)	玉米油	0,0.02,0.067,0.2,0.6,1.8,5.4,16.2,48.6
非诺贝特(FEN)	0.5% 甲基纤维素水溶液	0,8,16,31.25,62.5,125,250,500,1 000
呋喃(FUR)	玉米油	0,0.125,0.25,0.5,1,2,4,8,16
人参(GIN)	去离子水	0,39.1,78.125,156.25,312.5,625,1 250,2 500,5 000
六氯苯(HCB)	玉米油	0,0.004,0.015,0.062 5,0.25,1,4,16,64
甲基丁香酚(MET)	0.5% 甲基纤维素水溶液	0,4.625,9.25,18.5,37,75,150,300,600
水飞蓟提取物(MTE)	玉米油	0,39.1,78.125,156.25,312.5,625,937.5,1 250,1 750
全氟辛酸(PFOA)	2% 吐温-80[c]	0,0.156,0.312 5,0.625,1.25,2.5,5,10,20
长叶薄荷酮(PUL)	玉米油	0,2.4,4.7,9.4,18.75,37.5,75,150,300
四溴双酚 A(TBBPA)	玉米油	0,4,8,16,31.25,62.5,125,250,500,1 000,2 000
四氯偶氮苯(TCAB)	玉米油∶丙酮(99∶1)	0,0.1,0.3,1,3,10,30,100,200,400

续表7.26

化学物	灌胃溶剂	受试浓度[a,b]
磷酸三（2-氯丙基）酯（TCPP）	0.5% 甲基纤维素水溶液	0,18.75,37.5,75,150,300,600,1 000,2 000
侧柏酮（THU）	0.5% 甲基纤维素水溶液	0,1.5,3,6.25,12.5,25,50,100,200

注：[a]单位为 mg/kg，乙炔雌二醇（μg/kg）除外。

[b]所有配制的受试物均以分析方法检测验证，总体上差距在目标浓度15%以内。

[c]在蒸馏水中。

引自 Gwinn et al.(2020)。

2. BMD 的分析结果

（1）传统毒理学数据 BMDLs。根据既往动物试验数据的 BMD 分析，研究者获得了非致癌效应及致癌效应的最小 BMDL 值，本文以雄性大鼠为例（表 7.27 和表 7.28），雌性大鼠及小鼠数据可参考原文的补充材料。

表 7.27　雄性大鼠非致癌性病理损伤的最小 BMDs/BMDLs

化学物	研究类型	顶端（组织病理学）终点	BMD[a]	BMDL[a]
丙烯酰胺（ACR）	2 年	周围神经（坐骨）轴突变性	0.61	0.43
		包皮腺导管扩张	1.46	0.74
		眼视网膜变性	2.04	1.34
溴氯乙酸（BDCA）	2 年	骨髓血管扩张	2.30	1.87
		骨髓增生	20.03	6.49
		肝嗜酸性病灶	26.80	13.66
香豆素（COU）	2 年	肝坏死	5.85	4.85
		前胃溃疡	7.96	6.14
		肝纤维化	14.40	7.40
邻苯二甲酸酯（DEHP）	2 年	睾丸退化生精小管	183.50	155.34
		垂体前叶细胞肥大	324.05	262.94

续表7.27

化学物	研究类型	顶端(组织病理学)终点	BMD[a]	BMDL[a]
五溴二苯醚混合物 (DE71)	2 年	肝细胞肥大	0.15	0.11
		肝脂肪改变	1.69	1.06
		甲状腺滤泡肥大	9.30	5.28
乙炔雌二醇(EE2)	2 年	乳腺腺泡增生	0.69	0.47
		肝嗜碱性病灶	0.91	0.62
		肝嗜酸性病灶	1.16	0.70
非诺贝特(FEN)	29 d	变性,颗粒状,嗜酸性,肝细胞	2.69	NA[b]
呋喃(FUR)	2 年	肝胆管纤维变性	0.10	0.09
		肝细胞质空泡化	0.18	0.14
		肝胆管增生	0.61	0.31
人参(GIN)	2 年	NA	NA	NA
六氯苯(HCB)	2 年	慢性肾病(严重)	0.59	0.35
		小叶中心嗜碱性染色体生发(轻微)	0.62	0.40
		胆周淋巴细胞增多症	1.17	0.33
甲基丁香苯(MET)	2 年	肝嗜酸性病灶	13.14	10.01
		肝囊性变	16.55	13.77
		腺胃萎缩	16.63	14.17
水飞蓟提取物(MTE)	2 年	NA	NA	NA
全氟辛酸(PFOA)	2 年	肝细胞肥大	0.50	0.41
		肝细胞胞质改变	0.86	0.51
		肝色素	1.17	0.94
长叶薄荷酮(PUL)	2 年	鼻嗅上皮变性	9.47	14.02
		肝胆管增生	13.67	10.66
		弥漫性肝细胞改变	16.58	7.52
四溴双酚 A(TBBPA)	2 年	NA	NA	NA

续表7.27

化学物	研究类型	顶端(组织病理学)终点	BMD[a]	BMDL[a]
四氯偶氮苯(TCAB)	2 年	前胃上皮增生	2.86	2.13
		肺泡上皮化生细支气管	7.71	5.38
		肝脏弥漫性脂肪改变	9.30	7.17
磷酸三(2-氯丙基)酯(TCPP)	90 d	NA	NA	NA
侧柏酮(THU)	2 年	肾矿化	3.17	2.29
		脾脏色素沉着	10.45	4.67

注:[a]单位为 mg/kg,乙炔雌二醇(μg/kg)除外。

　　[b]NA:不适用。

引自 Gwinn et al.(2020)。

表 7.28　雄性大鼠致癌性病理损伤的最小 BMDs/BMDLs

化学物	研究类型	顶端(组织病理学)终点	BMD[a]	BMDL[a]
丙烯酰胺(ACR)	2 年	甲状腺滤泡细胞腺瘤或癌	1.45	0.89
		附睾或睾丸恶性间皮瘤	2.09	1.21
		心脏恶性神经鞘瘤	2.43	1.30
溴氯乙酸(BDCA)	2 年	全脏器恶性间皮瘤	4.10	3.32
		皮肤鳞状细胞乳头状瘤	13.00	8.32
		皮肤(皮下)乳头状瘤	16.48	10.54
香豆素(COU)	2 年	肾小管腺瘤	69.35	44.64
邻苯二甲酸酯(DEHP)	2 年	肝细胞癌或肿瘤结节	350.26	210.06
		肝细胞癌	760.57	526.40
五溴二苯醚混合物(DE71)	2 年	垂体(远侧部)腺瘤	6.68	4.53
		肝胆管癌肝细胞腺瘤或癌	28.38	16.62
		肝细胞腺瘤或肝癌	36.97	19.86
乙炔雌二醇(EE2)	2 年	NA	NA[b]	NA
非诺贝特(FEN)	29 d	NA	NA	NA

续表7.28

化学物	研究类型	顶端(组织病理学)终点	BMD[a]	BMDL[a]
呋喃(FUR)	2年	单核细胞白血病	0.47	0.29
		附睾或睾丸恶性间皮瘤	2.16	1.50
		所有器官恶性间皮瘤	2.18	1.50
人参(GIN)	2年	NA	NA	NA
六氯苯(HCB)	2年	肾上腺嗜铬细胞瘤	1.23	0.60
		甲状旁腺腺瘤	1.61	1.01
甲基丁香苯(MET)	2年	肝细胞腺瘤或肝癌	12.02	9.90
		肝细胞腺瘤	21.93	17.44
		肝细胞癌	26.85	21.98
水飞蓟提取物(MTE)	2年	NA	NA	NA
全氟辛酸(PFOA)	2年	胰腺腺瘤	0.73	0.57
		胰腺腺瘤或癌	0.73	0.57
		所有器官均为良性肿瘤	4.06	1.25
长叶薄荷酮(PUL)	2年	NA	NA	NA
四溴双酚 A(TBBPA)	2年	NA	NA	NA
四氯偶氮苯(TCAB)	2年	肺囊性角化上皮瘤	5.10	4.21
		肝胆管癌	84.43	40.16
		甲状腺滤泡细胞腺瘤	128.16	50.95
磷酸三(2-氯丙基)酯(TCPP)	90 d	NA	NA	NA
侧柏酮(THU)	2年	包皮腺腺瘤或癌	22.89	16.57
		包皮腺癌	30.24	20.87

注:[a]单位为 mg/kg,乙炔雌二醇(μg/kg)除外。

[b]NA:不适用。

引自 Gwinn et al. (2020)。

（2）转录物组学数据 BMDLs。根据 5 d 体内毒性试验转录物组学数据的 BMD 分析，研究者获得了肝脏、肾脏 GO BP 基因集的最小 BMDL 值（表7.29 和表 7.30）。

表 7.29　雄性大鼠肝脏转录物组 GO BP 基因集的最小 BMDs/BMDLs

化学物	肝脏 GO BP	BMD[a]
丙烯酰胺 （ACR）	GO:0034655 5 含碱基化合物分解代谢过程///	4.65
	GO:1901361 5 有机环化合物分解代谢过程	
	GO:0019439 5 芳香化合物分解代谢过程	5.15
	GO:1903522 6 血液循环调节	5.64
溴氯乙酸 （BDCA）	GO:0071466 5 细胞对外源性刺激的反应///	2.76
	GO:0071398 6 脂肪酸的细胞反应	
	GO:0030522 5 细胞内受体信号通路	5.02
	GO:0016051 5 碳水化合物生物合成过程	15.28
香豆素（COU）	GO:0060562 5 上皮管形态发生	3.01
	GO:1901879 7 蛋白质解聚的调节	7.46
	GO:0045333 5 细胞呼吸	10.21
邻苯二甲酸酯 （DEHP）	GO:0006635 7 脂肪酸 β-氧化///	23.25
	GO:0033539 8 使用酰基辅酶 A 脱氢酶进行脂肪酸 β-氧化	
	GO:0009062 6 脂肪酸分解代谢过程	23.99
	GO:0009437 5 肉碱代谢过程	26.54

续表7.29

化学物	肝脏 GO BP	BMDª
五溴二苯醚混合物（DE71）	GO：0052695 9 细胞葡萄糖醛酸化	10.45
	GO：0006275 7 DNA 复制的调节	14.85
	GO：0000186 10 激活 MAPKK 活动	15.07
乙炔雌二醇（EE2）	GO：0032731 8 白细胞介素-1β 产生的阳性调节	1.82
	GO：0009395 6 磷脂分解代谢过程	1.92
	GO：0032874 8 应激激活 MAPK 级联的正调控///	2.04
	GO：1901863 6 肌肉组织发育的正调控	
非诺贝特（FEN）	GO：0009112 6 碱基代谢过程	2.28
	GO：0070838 8 二价金属离子传输	2.42
	GO：0042447 5 激素分解代谢过程	2.43
呋喃（FUR）	GO：0043928 10 参与去烯基化依赖性衰变的核外转录 mRNA 分解代谢过程	1.20
	GO：0006487 7 蛋白质 N-连接糖基化	1.43
	GO：1903416 5 对苷的反应	1.44
人参（GIN）	GO：0030593 8 中性粒细胞趋化性///	45.82
	GO：0071347 7 白细胞介素-1 的细胞反应	
	GO：0032760 8 肿瘤坏死因子产生的正调控	124.16
	GO：0035774 7 参与细胞对葡萄糖刺激反应的胰岛素分泌正调节///	156.83
	GO：0043604 6 酰胺生物合成过程///	
	GO：0098656 7 阴离子跨膜转运	
六氯苯（HCB）	GO：0062013 6 小分子代谢过程的正调控	4.55
	GO：0015718 8 一元羧酸运输	4.55
	GO：0046942 7 羧酸运输	4.66

续表7.29

化学物	肝脏 GO BP	BMD[a]
甲基丁香苯 （MET）	GO：0033137 10 肽基丝氨酸磷酸化的负调节	33.00
	GO：0009112 6 碱基代谢过程	33.24
	GO：0001523 8 维甲酸代谢过程///	34.83
	GO：0048592 6 眼形态发生	
水飞蓟提取物 （MTE）	GO：1990830 7 白血病抑制因子的细胞反应	135.55
	GO：1901988 8 细胞周期相转变的负调控	263.99
	GO：1901031 7 活性氧反应的调节///	283.81
	GO：2000108 9 白细胞凋亡过程的正调控	
全氟辛酸 （PFOA）	GO：0006012 6 半乳糖代谢过程	0.35
	GO：0034637 5 细胞碳水化合物生物合成过程	0.38
	GO：0072348 5 硫化合物运输///	0.44
	GO：0098661 8 无机阴离子跨膜转运	
长叶薄荷酮 （PUL）	GO：0006890 7 逆行囊泡介导转运，高尔基体到内质网	20.94
	GO：0006541 9 谷氨酰胺代谢过程///	25.25
	GO：0009066 8 天冬氨酸家族氨基酸代谢过程	
	GO：0006814 8 钠离子传输	25.52
四溴双酚 A （TBBPA）	GO：0043043 6 肽生物合成过程///	109.50
	GO：0071774 4 对成纤维细胞生长因子的反应	
	GO：0006518 5 肽代谢过程///	111.15
	GO：0043603 5 细胞酰胺代谢过程	
	GO：0006457 3 蛋白质折叠	152.81
四氯偶氮苯 （TCAB）	GO：0015721 7 胆汁酸和胆盐运输	12.23
	GO：0043901 5 多生物过程负调节	12.25
	GO：0006749 5 谷胱甘肽代谢过程///	15.36
	GO：0043627 3 雌激素反应	

续表7.29

化学物	肝脏 GO BP	BMD[a]
磷酸三 （2-氯丙基） 酯（TCPP）	GO:0000956 8 核转录 mRNA 分解代谢过程///	28.58
	GO:0016074 8 snoRNA 代谢过程///	
	GO:0016180 9 snRNA 处理	
	GO:0006536 7 谷氨酸代谢过程	31.41
	GO:0006399 8 tRNA 代谢过程	35.28
侧柏酮（THU）	GO:0072330 7 一元羧酸生物合成工艺	150.90

注：[a] 单位为 mg/kg，乙炔雌二醇（μg/kg）除外。
引自 Gwinn et al.（2020）。

表 7.30　雄性大鼠肾脏转录物组 GO BP 基因集的最小 BMDs/BMDLs

化学物	肾脏 GO BP	BMD[a]
丙烯酰胺 （ACR）	GO:0016570 6 组蛋白修饰	0.68
	GO:0030301 8 胆固醇运输///	0.92
	GO:1902930 6 酒精生物合成过程的调节	
	GO:0030111 6 Wnt 信号通路调节///	1.07
	GO:0031345 7 细胞投射组织负调节	
溴氯乙酸 （BDCA）	GO:0001764 5 神经元迁移	1.28
	GO:0070925 5 细胞器组装	1.33
	GO:0043524 8 神经元凋亡过程负调节	1.36
香豆素（COU）	GO:0051383 5 着丝粒组装	20.58
	GO:0045132 4 减数分裂染色体分离///	21.34
	GO:0098813 4 核染色体分离	
	GO:0007059 3 染色体分离///	21.96
	GO:0007094 9 有丝分裂纺锤体装配检查点///	
	GO:2001251 8 染色体组织负调控	

续表7.30

化学物	肾脏 GO BP	BMDᵃ
邻苯二甲酸酯 （DEHP）	GO:0051289 8 蛋白均四分体化	43.84
	GO:0071456 5 细胞缺氧反应	76.70
	GO:0006635 7 脂肪酸 β-氧化///	79.30
	GO:0044282 4 小分子分解代谢过程	
五溴二苯醚 混合物（DE71）	GO:0002768 6 免疫应答调节细胞表面受体的信号通路	0.72
	GO:0030500 6 骨矿化调控///	1.83
	GO:0031397 10 蛋白泛素化负调节	
	GO:0007229 6 整合素介导的信号通路	36.85
乙炔雌二醇 （EE2）	GO:0015671 6 氧气输送	0.19
	GO:0001818 6 细胞因子产生负调节///	9.31
	GO:0042129 8 T 细胞增殖调控	
	GO:0015893 5 药品运输	15.69
非诺贝特 （FEN）	GO:0006084 8 乙酰辅酶 A 代谢过程	1.48
	GO:0006637 7 酰基辅酶 A 代谢过程	3.08
	GO:0018958 5 含酚化合物代谢过程///	3.98
	GO:0042537 5 含苯化合物代谢工艺	
呋喃（FUR）	GO:0015850 6 有机羟基化合物转运///	0.61
	GO:0015914 7 磷脂转运///	
	GO:0032369 6 脂质转运负调节	
	GO:0002700 6 免疫反应分子介体产生的调控	0.86
	GO:0051346 6 水解酶活性负调节	2.62
人参（GIN）	GO:0048534 5 造血或淋巴器官发育	53.15
	GO:0006633 6 脂肪酸生物合成工艺///	80.90
	GO:0043543 7 蛋白酰化	
	GO:0007264 6 小 GTPase 介导信号转导	80.99

续表7.30

化学物	肾脏 GO BP	BMD[a]
六氯苯（HCB）	NA	NA[b]
甲基丁香苯 （MET）	GO:0007267 3 细胞信号///	116.30
	GO:0042102 9 T 细胞增殖的阳性调节///	
	GO:0025231 10 STAT 蛋白酪氨酸磷酸化阳性调节	
	GO:0042129 8 T 细胞增殖调控	140.21
	GO:0043279 6 对生物碱的反应	141.12
水飞蓟提取 （MTE）	GO:0006636 7 不饱和脂肪酸生物合成工艺	781.63
	GO:0007059 3 染色体分离///	826.27
	GO:0051301 3 单元划分	
	GO:0071241 5 对无机物的细胞反应	889.51
全氟辛酸 （PFOA）	GO:0002523 6 白细胞迁移参与炎症反应///	0.11
	GO:0006919 10 激活凋亡过程中半胱氨酸型内肽酶活性///	
	GO:0070486 6 白细胞聚集	
	GO:0002544 6 慢性炎症反应	0.22
	GO:0060612 6 脂肪组织发育	0.29
长叶薄荷酮 （PUL）	GO:0009267 5 细胞对饥饿的反应	22.25
	GO:0048146 7 成纤维细胞增殖的阳性调节	24.41
	GO:1901607 7 α-氨基酸生物合成工艺	24.62
四溴双酚 A （TBBPA）	GO:0042542 5 对过氧化氢的响应	175.04
	GO:0098754 2 排毒	186.90
	GO:0000302 5 对活性氧种类的响应	261.56
四氯偶氮苯 （TCAB）	GO:0051262 7 蛋白四分化	1.73
	GO:0051606 3 刺激检测	2.83
	GO:0002244 5 造血祖细胞分化	9.07
磷酸三 （2-氯丙基） 酯（TCPP）	GO:0045932 6 肌肉收缩负调节	252.82
	GO:0000281 5 有丝分裂细胞分裂	292.34
	GO:0106118 8 甾醇生物合成过程的调控	461.91

续表7.30

化学物	肾脏 GO BP	BMDᵃ
侧柏酮（THU）	GO:0071229 5 对酸性化学的细胞反应	141.24
	GO:0051258 7 蛋白质聚合	173.24
	GO:0032412 6 离子跨膜转运蛋白活性的调节	189.88

注：ᵃ单位为 mg/kg，乙炔雌二醇（μg/kg）除外。

ᵇNA：不适用。

引自 Gwinn et al.（2020）。

7.5.4　BMDLs 对比及应用

对于许多化学物质，5 d 体内试验的最小转录物组学 BMD 在传统毒性终点 BMD 的 5 倍以内（图 7.6）。这些数据表明，使用 5 d 体内试验的 HTT 方法能够帮助预测传统毒性终点的 BMD 值，这种方法可能有助于确定化学物质进行后续安全性评价的优先级，同时能够更加迅速、经济地提供有效数据。

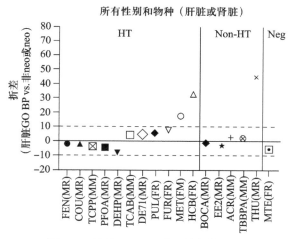

图 7.6　两种 BMDLs 差异倍数的分布

参 考 文 献

[1] BOKKERS B G H，SLOB W. Deriving a data-based interspecies assessment factor using the NOAEL and the benchmark dose approach. Crit Rev Toxicol，2007，37：353-377.

[2] CRUMP K S. A new method for determining allowable daily intakes. Fundam Appl Toxicol，1984，4：854-871.

[3] CRUMP K S. Calculation of benchmark doses from continuous data. Risk Anal，1995，15：79-89.

[4] DANKOVIC D，KUEMPEL E，WHEELER M. An approach to risk assessment for TiO_2. Inhal Toxicol，2007，19：205-212.

[5] DOURSON M，HERTZBERG R，ALLEN B，et al. Evidence-based dose-response assessment for thyroid tumorigenesis from acrylamide. Regul Toxicol Pharmacol，2008，52：264-289.

[6] DOURSON M L，ANDERSEN M E，ERDREICH L S，et al. Using human data to protect the public's health. Regul Toxicol Pharmacol，2001，33：234-256.

[7] DOURSON M L，HERTZBERG R C，HARTUNG R，et al. Novel methods for the estimation of acceptable daily intake. Toxicol Ind Health，1985，1：23-33.

[8] DOURSON M L，STARA J F. Regulatory history and experimental support of uncertainty（safety）factors. Regul Toxicol Pharmacol，

1983,3:224-238.

[9] DONRSON M L,TEUSCHLER L K,DURKIN P R,et al. Categorical regression of toxicity data: a case study using aldicarb. Regul Toxicol Pharmacol,1997,25:121-129.

[10] EFSA. Guidance of the Scientific Committee on Use of the benchmark dose approach in risk assessment. EFSA J, 2009,7:1150.

[11] EFSA. Scientific Opinion on Flavouring Group Evaluation 13,Revision 2 (FGE. 13Rev2):Furfuryl and furan derivatives with and without additional side-chain substituents and heteroatoms from chemical group 14. EFSA J,2011,9(8):2313.

[12] EFSA. Opinion of the scientific panel on contaminants in the food chain[CONTAM] related to the potential increase of consumer health risk by a possible increase of the existing maximum levels foraflatoxins in almonds,hazelnuts and pistachios and derived products. EFSA J,2007,446:1-127.

[13] EFSA. Opinion of the Scientific Panel on Plant Protection products and their residues to evaluate the suitability of existing methodologiesand,if appropriate,the identification of new approaches to assess cumulative and synergistic risks from pesticides to human health with a view to set MRLs for those pesticides in the frame of Regulation (EC) 396/2005. EFSA J,2008,704:1-84.

[14] EFSA. Safety evaluation of ractopamine. Scientific opinion of the panel on additives and products or substances used in animal feed. EFSA J, 2009,1041:1-52.

[15] EFSA. Cadmium in food. Scientific opinion of the panel on contaminants in the food chain,EFSA J,2009,980:1-139.

[16] 方瑾,贾旭东. 基准剂量法及其在风险评估中的应用. 中国食品卫生杂志,2011,23(1):50-53.

[17] EFSA. Update:use of the benchmark dose approach in risk assessment. EFSA Journal,2017,15(1):4658.

[18] EPA. The use of the benchmark dose approach in health risk assessment. EPA/630/R-94/007. Washington DC:Risk Assessment Forum,1995.

[19] EPA. Benchmark dose technical guidance. EPA/100/R-12/001. Washington DC:Risk Assessment Forum,2012.

[20] SMITH M. Food Safety in Europe(FOSIE):risk assessment of chemicals in food and diet. Food Chem Toxicol,2002,40(2-3):141-144.

[21] 宋筱瑜,张磊,隋海霞,等. 基准剂量方法在风险评估中的应用. 卫生研究,2011,40(1):1-26.

[22] FOWLES J R,ALEXEEFF G V,DODGE D. The use of benchmark dose methodology with acute inhalation lethality data. Regul Toxicol Pharmacol,1999,29:262-278.

[23] FRYER M,COLLINS C D,FERRIER H,et al. Human exposure modeling for chemical risk assessment:a review of current approaches and research and policy implications. Environ Sci Policy,2006,9:261-274.

[24] GIBNEY M J,VAN DER VOET H. Introduction to the Monte Carlo project and the approach to the validation of probabilistic models of dietary exposure to selected food chemicals. Food Addit Contam,2003,20 (suppl. 1):S1-S7.

[25] Joint FAO/WHO Expert Committee on Food Additives. Safety evaluation of certain contaminants in food. WHO Food Additives Series

55. Geneva:WHO/IPCS,2006.

[26] Joint FAO/WHO Expert Committee on Food Additives WHO Technical Report Series 939. Evaluation of certain veterinary drug residues in food: 66th report of the Joint FAO/WHO Expert Committee on food additives. Geneva: WHO,2006.

[27] KAVLOCK R J,ALLEN B C,FAUSTMAN E M,et al. Dose-response assessments for developmental toxicity Ⅳ:benchmark doses for fetal weight changes. Funda Appl Toxicol,1995,26:211-222.

[28] MURATA K,BUDTZ-JORGENSEN E,GRANDJEAN P. Benchmark dose calculations for methylmercury-associated delays on evoked potential latencies in children. Risk Anal,2002,22:465-474.

[29] PIERSMA A H,VERHOEF A,TE BIESEBEEK J D,et al. Developmental toxicity of butyl benzyl phthalate in the rat using a multiple dose study design. Reprod Toxicol,2000,14 (5):417-425.

[30] SHAO K,SHAPIRO A J,A web-based system for Bayesian benchmark dose estimation. Environmental Health Perspectives,2018,126 (1):1-14.

[31] WHO. Principles for the Safety Assessment of Food Additives and Contaminants in Food. Environmental Health Criteria 70. Geneva: WHO/IPCS,1987.

[32] WHO. Principles and Methods for the Risk Assessment of Chemicals in Food. Environmental Health Criteria 240:Chapter 5. Dose-response assessment and derivation of health-based guidance values. Geneva: WHO/FAO, 2009.

[33] YANG H,JIA X D. Safety evaluation of Se-methylselenocysteine as nutritional selenium supplement:acute toxicity,genotoxicity and sub-

chronic toxicity. Regul Toxicol Pharmacol，2014，70(3)：720-727.

[34] EFSA Panel on Contaminants in the Food Chain. Scientific Opinion on acrylamide in food,EFSA J,2015,13(6):4104.

[35] ZEILMAKER M J, BAKKER M I, SCHOTHORST R,et al. Risk assessment of N-nitrosodimethylamine formed endogenously after fish-with-vegetable meals. Toxicol Sci，2010,116(1):323-335.

[36] PETO R,GRA R,BRANTOM P, et al. Effects on 4080 rats of chronic ingestion of N-nitrosodiethylamine or N-nitrosodimethylamine：a detailed dose-response study. Cancer Res,1991a,51:6415-6451.

[37] PETO R,GRA R,BRANTOM P, et al. Dose and time relationships for tumor induction in the liver and esophagus of 4080 inbred rats by chronic ingestion of N-nitrosodiethylamine or N-nitrosodimethylamine. Cancer Res,1991b,51:6452-6469.

[38] FOTLAND T Ø, PAULSEN J E, SANNER T,et al. Risk assessment of coumarin using the bench mark dose (BMD) approach：children in Norway which regularly eat oatmeal porridge with cinnamon may exceed the TDI for coumarin with several folds Food Chem Toxicol，2012,50(3-4):903-912.

[39] GWINN W M, AUERBACH S S, PARHAM F,et al. Evaluation of 5-day *in vivo* rat liver and kidney with high-throughput transcriptomics for estimating benchmark doses of apical outcomes. Toxicol Sci，2020,176(2):343-354.